U0182269

航空发动机后向隐身特性分析

郭 霄 文振华 李树豪 著

航空工业出版社

北京

内 容 提 要

本书全面系统地介绍了针对航空发动机隐身问题的数值模拟方法及其关键技术，深入研究了球面收敛二元矢量喷管的几何设计、气动特性、电磁散射特性及其影响因素，全面分析了提高航空发动机隐身性能的技术措施及应用效果，系统介绍了航空发动机隐身技术的最新研究成果。

全书内容新颖，总结了作者及其合作伙伴近些年的科研成果，同时参考了国内外同行在该领域的研究及应用情况，反映了该领域的前沿研究水平。

本书可供从事航空发动机隐身设计、特性模拟的科研人员阅读，也可供相关专业的研究生参考。

图书在版编目（CIP）数据

航空发动机后向隐身特性分析／郭霄，文振华，李树豪著 . --北京：航空工业出版社，2022.9

ISBN 978-7-5165-3117-4

Ⅰ.①航… Ⅱ.①郭… ②文… ③李… Ⅲ.①航空发动机—隐身技术 Ⅳ.①V23②V218

中国版本图书馆 CIP 数据核字（2022）第 142147 号

航空发动机后向隐身特性分析
Hangkong Fadongji Houxiang Yinshen Texing Fenxi

航空工业出版社出版发行
（北京市朝阳区京顺路 5 号曙光大厦 C 座四层　100028）
发行部电话：010-85672675　010-85672678

北京市金木堂数码科技有限公司印刷　　全国各地新华书店经售
2022 年 9 月第 1 版　　　　　　　　　2022 年 9 月第 1 次印刷
开本：787×1092　1/16　　　　　　　字数：269 千字
印张：10　　　　　　　　　　　　　定价：45.00 元

前　言

隐身技术又称目标特征信号控制技术或低可探测技术，它研究如何控制或缩减飞机、发动机、导弹等武器平台的雷达、红外、声、可见光和声音等特征信号，大幅度缩小雷达、红外、声呐、可见光等探测系统的作用距离及反应时间，从而大大提高武器系统的生存能力、突防能力及作战效能。隐身性能是新一代航空发动机装备必须具备的重要性能指标之一。在当今及未来一段时间内，作战飞机最主要的探测威胁来自各种天基、空基、面基（包括地面和海面）的雷达和红外探测系统，主要攻击威胁来自空中、地面（海面）发射的各种雷达、红外制导导弹。发动机红外隐身和雷达隐身是飞机隐身的重要组成部分，是飞机隐身工作的关注重点。排气系统是航空发动机的主要组成部分之一，其气动性能的优劣直接影响发动机的工作状态和工作能力，也会影响飞行器的机动性能和作战性能；同时，排气系统作为典型的电大尺寸深开口腔体，发动机后腔体形成的雷达截面积（RCS）约占飞机后向 RCS 的 90% 以上，其隐身性能的优劣会直接影响飞行器的生存能力和综合作战效能。因此，如何在保证航空发动机排气系统气动性能的基础上，尽可能提高其隐身性能是提升飞行器整体全向隐身性能的重点研究领域之一。

发动机隐身是飞机隐身工作的难点和"瓶颈"。工作温度、负荷、转速极端多变的工作状态及复杂恶劣的工作环境，推力损失、空间尺寸、质量等限制以及长寿命、高可靠性要求等，均给发动机隐身技术研究及工程应用带来了巨大难度和挑战。本书主要针对航空发动机后向隐身设计与计算涉及的影响因素复杂、限制条件多等问题，开展了航空发动机排气系统电磁散射的数值模拟方法、航空发动机排气系统参数外形设计及喷管电磁散射特性影响因素分析等研究。全书共分为六章，涉及电大尺寸深腔体电磁散射特性数值计算方法、球面收敛二元矢量喷管几何设计及其电磁散射特性影响因素分析、矢量状态下球面收敛二元矢量喷管气动/电磁特性、航空发动机后向 RCS 缩减措施原理、RCS 缩减措施应用效果分析、飞行器/发动机一体化后向电磁散射特性以及航空发动机电磁散射特性测试原理与测试结果等。本书的研究成果新颖，可供从事航空发动机隐身领域的研究人员、工程技术人员阅读。同时也可作为航空发动机隐身相关课程教学的参考书籍，供研究生拓宽知识面。

本书是以航空发动机后向电磁隐身技术的前沿性、综合性、适用性为原则，根据作者多年从事航空发动机后向隐身技术的研究成果并参考该领域最新的研究进展和相关文献撰写而成，并得到了国家自然基金项目（51975539、72001192）、河南省青年人才托举工程项目（2021HYTP017）、河南省高等学校重点科研项目计划（20B590005）、河南省科技攻关项目（222102210050）等课题的支持，在此表示衷心的感谢。

在航空发动机后向电磁散射特性的研究过程中和本书的撰写过程中，均得到了西北工业大学杨青真教授、中国航发燃气涡轮研究院的热心指导与帮助，在此向他们表示衷心的感谢！本书中还借鉴和引用了隐身技术研究团队中研究人员的相关成果和经验，在此对原作者表示由衷的敬意和感谢!

　　由于本书的研究领域涉及多个学科交叉,该技术新颖、前沿且发展很快,限于作者的学识水平,书中疏漏及不当之处在所难免,敬请广大读者批评指正!

作　者

2021 年 8 月于郑州

目　录

I

第1章 绪 论

1.1 研究隐身技术的意义

1903 年，美国莱特兄弟驾驶"飞行者"开创了人类航空历史的新时代，现代战争进入了全新的三维空间时代。20 世纪末和 21 世纪初的两次海湾战争、科索沃战争和阿富汗战争，以美军为主体的西方军队向世人展示了全新的作战样式，以空军为代表的空中力量在现代战争中体现出了巨大的力量和对战场的控制力。在全新的战争形态中，制空权的争夺成为决定战争走势的核心因素。争夺制空权的主要表现为飞行器及机载武器的直接较量。但是随着以雷达为代表的现代化探测器的侦测能力日益提高，对以飞机为主的空中打击力量的生存性能提出了巨大的挑战。为了提高作战飞机的综合作战能力和在复杂环境下的生存能力，隐身技术被提上了研究日程[1]。隐身技术是对目标的特征信号进行有效的控制或抑制的技术，也称为低可探测技术。隐身技术更为正规、科学、准确地反映其技术内容和实质的称谓应该是"目标特征信号控制"或"低可探测技术"。在早期的战争中，广义上的隐身技术已经用于降低飞机被发现的概率。广义上的隐身技术主要针对的是目视侦察和可见光侦察等手段，只需对飞机进行简单的涂装即可在较大程度上降低飞机被发现的概率，即提高飞机的隐身能力。进入二战以后，随着雷达等先进探测装置投入实战，与探测器的对抗推动着飞机的发展与进步。

图 1-1 为飞行器在现代战争下面临的威胁示意图[2]。从图中可以看出，对飞机而言最大的威胁来自雷达，因此开展雷达隐身技术的研究是十分必要的。雷达的英文名称为Radar（radio detection and ranging），其最主要的工作方式就是采用无线电方法对目标进行探测和测距。雷达隐身之所以对飞机的生存力如此重要是因为雷达在今后的很长一段时间内仍然是防空系统和作战飞行器最主要的探测手段。对于飞机而言，其主要面对的雷达威胁来自预警雷达和火控雷达。对预警雷达和地面火控雷达而言，其一般工作在 L 波段和 S 波段，而机载火控雷达则一般工作在更高的 X 波段和 Ku 波段。20 世纪 30 年代，多个国家开始独立研究现代形式的雷达，而雷达的精确发明时间很难界定。这一时期设计的投入使用的雷达主要工作在 75~200MHz 频段，这主要是受当时真空管的技术所限；英国在二战爆发前发明的高功率微波谐振腔磁控管是现代雷达发展中最重要的成就之一，可靠的高功率厘米波器件使得雷达的工作频率得以提升到超高频频段，从而大大促进了雷达技术的发展。在二战中，各国早期研制的雷达在战争中都发挥了极其重要的作用。在英伦海峡的对空防御作战中，英国研制的对空探测雷达对保卫英伦三岛起到了相当重要的作用。战争是军事装备发展最好的催化剂，在二战期间雷达得到了迅猛的发展；二战结束后紧随而来的冷战引领的军备竞赛直接刺激雷达系统技术及其相关的技术如频率捷变、脉冲多普勒、超视距雷达、合成孔径雷达等的迅速发展。在二战结束至今的不同时期都有不同具有代表

性的雷达技术投入实际应用。20 世纪 50 年代，雷达的主要发展是继承和发展上一个十年的成果。例如，上一个十年提出的单脉冲雷达原理和脉冲压缩原理都是在这十年中逐步进入使用阶段的；合成孔径雷达也是在这一时期出现的。20 世纪 60 年代和 70 年代，雷达的发展主要体现在信号处理方面。数字技术的发展使雷达的信号处理技术开始了一场全新的革命，并一直延续到现在。数字处理技术使得动态目标显示和合成孔径雷达进入了实用阶段。20 世纪 80 年代，相控阵技术是雷达发展的标志性技术。在这一时期设计和投入使用的雷达主要是相控阵雷达，最具有代表性的就是美国陆军的"爱国者"防空导弹系统雷达和海军的"宙斯盾"雷达。与此同时，甚高速集成电路的实用化大幅度改进了雷达信号处理能力，从而使雷达能够从单一获得目标的位置信息发展到获取更多与目标有关的特性信息。20 世纪的最后十年，苏联解体标志着持续了近半个世纪的冷战的结束，但是随之而来的多场现代化局部战争再次推动和影响了雷达技术的发展。机载和星载合成孔径雷达成为对敌方大纵深目标侦察、成像探测以及打击效果评估的主要手段；多功能相控阵雷达成为 21 世纪机载火控雷达的主要发展方向；毫米波大型宽带雷达被用于弹道导弹和空间目标的特性测量与研究领域[3]。

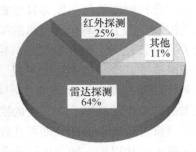

图 1-1　飞行器在现代战争中面临的威胁示意图

图 1-2 为飞机主要雷达波散射源分布。飞行器的主要雷达波散射源按照散射类型可以

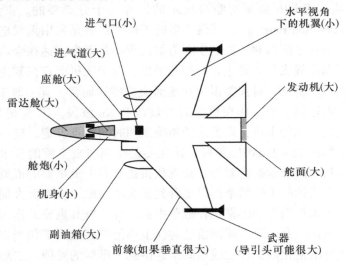

图 1-2　非隐身飞行器主要雷达波散射源分布

分为腔体散射、二面角散射、曲面镜面反射等。腔体散射主要包括飞行器前向的进气道、座舱、雷达舱以及飞行器后向的发动机尾喷管；二面角散射主要指飞行器主要部件构成的二面角结构，这种结构一般是指机翼—机身、机翼—机身—外挂架、垂直尾翼—水平尾翼等区域；曲面镜面反射主要是指机身、机翼前缘（前缘较钝的情况）[4]。

1.2 隐身飞机发展历程

如果说雷达是"盾"的话，那么作战飞机就是"矛"。伴随着"盾"的防御能力的逐步增强，军用飞机也在使用各种技术手段提高自身的生存能力，雷达隐身技术就是其中重要的一个手段。早在20世纪50年代，国外飞机设计师就已经将隐身技术应用于军用飞行器的设计中。

（1）U-2 高空侦察机

U-2 单座侦察机由洛克希德公司在20世纪50年代设计研发，主要交付中央情报局使用。在使用的过程中，中央情报局实施了"彩虹计划"以减小U-2的雷达截面积。"彩虹计划"主要包括"墙纸""秋千"和"电线"三个子项目。其中，"墙纸"主要针对高频雷达，计划将林肯实验室设计的雷达吸波材料粘贴在机身的蜂窝结构上；"秋千"主要针对低频雷达，计划在机翼和平尾的前、后缘一定位置处平行放置金属导线；"电线"同样针对低频雷达，计划在机头到机尾，垂直安定面的前、后缘放置导线。

在U-2飞机上进行的隐身措施的初步探索在实践中证明效果不佳，中央情报局结合该计划与飞机制造商、材料制造商和相关实验室探讨了飞机隐身的可行途径，总结了初步的隐身思路：

①发动机和飞机的部分金属部件应该被遮挡；

②无法遮挡的部件应该采用塑料等透明部件，或者去掉金属部件；

③为对抗S波段、X波段雷达，飞机外形可以设计成将入射电磁波反射到其他方向的形状；

④外露的边缘应该尝试使用阻抗渐变结构。

（2）SR-71 侦察机

SR-71 是由洛克希德公司设计研发的高空、高速战略侦察机，是世界上第一架能够实现飞行高度30000m、飞行马赫数超过3的有人飞机。同时，SR-71 也被认为是最早的雷达隐身飞机，该机在设计初始阶段就采用了一系列综合隐身技术。在吸波材料方面，该机使用了铁氧体吸波材料，使其外部颜色呈现为黑色。

（3）F-117 隐身攻击机

F-117 是世界上第一种按照隐身要求设计的实用隐身飞机。其气动外形设计十分独特，像一个堆积起来的复杂多面体。飞机没有前机身，机身是一个两端尖削的飞行角锥体，机身框架上覆盖有平板形蒙皮，可将雷达波束反射到远离发射源的地方，尤其能有效地对付空中预警机的下视雷达；机翼前缘在机身中心线处相交，双梁式下单翼的下表面前部与前机身融合，后掠角为67.5°，菱形翼剖面能将前方的雷达波反射到敌方接收不到的地方；尾翼由新型热塑性石墨复合材料制成，呈V形，彼此夹角为85°，后掠角为65°，可减小角反射器效应。整个楔形机体呈黑色，并覆盖有吸波材料。机体上所有的舱门和口盖都有锯齿状边缘来抑制雷达波反射。F-117机体表面使用了6种不同的雷达吸波涂层材料，从而大大降低了雷达的探测能力。

（4）B-1B战略轰炸机

B-1B是B-1战略轰炸机的重要改型。B-1B在原型机的基础上改为巡航导弹载机，外号"枪骑兵"（Lancer）。B-1B的作战性能也实现了大幅调整，主要包括降低了最大飞行速度、提高了亚声速巡航速度、提高了隐身性能。B-1B采用了重新设计的进气道，使用了雷达吸波材料，对飞机表面的所有接缝也进行了导电处理，使其RCS较B-1A降低了90%。

（5）B-2战略轰炸机

B-2是目前世界上最先进的隐身战略轰炸机，它是继F-117之后世界上第二代隐身飞机，其隐身性能可与F-117相媲美，而作战能力却与庞大的B-1B轰炸机相当。B-2外形光滑圆顺，不易反射雷达波。密封式玻璃座舱罩在制造时掺有金属粉末，使雷达波无法穿透舱体而形成反射。机翼后掠角为33°，使从上、下方向入射的雷达波无法反射或折回；飞翼式布局大大减少了飞机整体的雷达截面积。发动机舱和起落架舱全部埋入了平滑的机翼之下，从而避免了雷达波的反射。飞机的整个机身除主梁和发动机舱外，其他部分均由碳纤维和石墨等复合材料制成，复合材料部件摒弃铆钉拼合而采用高压压铸。机体上喷涂了特制的吸波油漆，可减少雷达回波。发动机进气口设置于机翼的上方，进气道呈S形，可使入射的雷达波经多次折射后自然衰减；发动机喷口深置于机翼之内，使雷达波能进不能出；喷口呈宽扁状，在飞机的后方无法看到；喷口温度调节技术的采用，使喷口的红外暴露信号大为减少。

（6）F-22战斗机

20世纪90年代，F-22的横空出世代表了新一代隐身飞机的设计标准，在F-22的设计中，美军提出了第五代战机的全新标准，即以隐身性（stealth）、超视距攻击能力（superior-sensor）、超声速巡航能力（supersonic cruise）和超机动性（super-agility）为代表的4S标准。该标准确定了下一代战机全新的技术标准，同时在考虑飞机隐身性能的基础上，并没有放弃对飞机气动性能的追求。相比第一代隐身作战飞机，F-22的设计更加注重飞机的综合作战能力。

随着技术的进步，隐身技术也开始在无人机上得到应用，例如，美国的X-45、X-47，法国的"神经元"，德国的"梭鱼"，瑞典的"菲利尔"等一系列的无人作战验证机。随着隐身技术的进一步发展，可以预见在下一代战斗机的设计中，隐身依然会占据十分重要的地位[5,6]。

1.3　研究推力矢量技术的意义

在二战末期，出现了喷气式战斗机。喷气式战斗机随后迅速替代了活塞式战斗机。从20世纪50年代至今，战斗机已经经历了五代的发展，每一代战斗机的技术特征均与各代飞机设计时的战术思想密不可分。第一代喷气式战斗机主要是二战中后期研发的带有一定试验性质的飞机，代表机型为德国的第一种喷气式战斗机Me-262、英国的第一种喷气式战斗机"流星"Ⅳ、美国的第一种喷气式战斗机P-59A"空中彗星"等。这一代战斗机中的部分机型得到了实战的检验，与同时期的螺旋桨战斗机相比，受制于发动机性能和可靠性的缺陷，第一代喷气式战斗机并没有体现出绝对的性能优势。第二代喷气式战斗机产生于 20 世纪 40 年代末、50 年代初，以美国的 F-86 和苏联的米格-17 为典型代表。第二代喷气式战斗机的主要技术特征是后掠翼的采用。与二战末期以 P-51 为代表的处于巅峰的活塞式战斗机相比，第二代喷气式战斗机大幅度提高飞行速度和机动性，尤其是垂直机动能力比螺旋桨飞机有了很大的提高，从而迅速替代了活塞式战斗机在空军装备中的主力位置。第三代喷气式战斗机是 20 世纪 50 年代发展的超声速战斗机，其代表机型为美国的 F-100、F-104 和苏联的米格-19、米格-21，后期两国又分别研发出 F-4、米格-23、米格-25 战斗机。相比于第二代战斗机，这一代战斗机主要强调战斗机的高空、高速性能，其在高空中的飞行马赫数都能够达到 2。为了满足第三代战斗机对速度的追求，多种先进的飞机布局进入了实用化，如大三角翼、大后掠角后掠翼等，但是与第二代战斗机相比其机动性并没有实质性的提升。第四代战斗机是 20 世纪 60 年代末在总结越南战争战场经验的基础上提出的高机动性战斗机。这一代战斗机的典型代表是美国的 F-15、F-16 和苏联的苏-27、米格-29。美国空军总结越南战争的经验后认为当时的空战仍以近距格斗为主，作战方式主要是在中空亚声速范围内进行大机动，以便达到有利占位，并实施攻击。上一代战斗机过于追求高空高速的技术特征并不适用于这类空战。除了美、苏两国研制的第四代战斗机以外，以欧洲联合研制的 EF2000、法国的"阵风"、瑞典的 JAS-39 以及中国的歼 10 为代表的第四代或者四代半战斗机是各国空军战斗机的主要力量。第五代战斗机的典型代表就是美国的 F-22。F-22 的出现具有跨时代的意义，它的出现定义了第五代战斗机的"4S"标准。在进行外形设计时，其强调隐身与气动综合布局，装备推重比 10 一级的加力式推力矢量涡扇发动机，能够进行超视距多目标全向攻击和对地精确打击[7,8]。

传统观念中认为喷气式发动机只能够提供向前的推力，飞机的机动性和可操纵性所需要的力矩需要依靠飞机的气动舵面提供，因此飞机受到失速极限的限制。国外的模拟实验和计算表明，未来空战仍有接近 50% 的概率出现近距格斗作战，而近距格斗中战斗机的作战效能主要取决于飞机的机动能力和敏捷性。推力矢量技术是指航空发动机的喷管在保证产生足够的向前推力的同时还可单独在飞机的俯仰、偏航、滚转和反推力等方向上产生力和力矩，用以部分或全部取代常规飞机舵面来对飞机进行控制；推力矢量甚至可以在通常认为的失速极限条件下对飞机进行有效的操纵。研究表明，应用推力矢量技术并辅以飞机控制律的改进，可以有效扩大飞机的迎角包线；利用推力矢量技术，可以提高飞机起飞、着陆、巡航性能，增加偏离阻抗，改善尾旋改出能力，增强飞机的机动性和敏捷性[9]。

推力矢量技术在未来空战中的作用主要体现在以下几个方面[10~15]：

（1）对飞机隐身性能的影响

推力矢量技术可以减少飞机气动舵面的数量，缩减尾翼的面积，使得无尾飞机成为飞机布局的可行选择之一。战斗机的垂尾和平尾构成的二面角或类二面角结构对于飞机隐身非常不利。利用推力矢量，可以取代飞机的水平尾翼和垂直尾翼，这对于提高飞机的隐身性能、减轻飞机重量①及飞行阻力、提高飞机的机动性都有好处。另外，矢量喷管的偏转和遮挡作用可以有效地改变尾喷流的红外辐射特性。

———————————
① 本书中的重量为质量（mass）概念。

（2）对飞机超声速巡航的影响

推力矢量技术使得无尾布局更加容易实现，因此可以有效地降低气动阻力，对实现超声速巡航奠定了良好的气动布局基础；二元推力矢量喷管能够有效地减少飞机尾部机身与喷管间的气流分离，从而减小尾部的干扰阻力；推力矢量喷管很容易实现最大升力、最小配平阻力下的超声速巡航。

（3）增强飞机的机动性和敏捷性

对于采用固定式喷管的常规飞机来说，当飞机的速度过低或者迎角过大时，气动面的操纵效率会迅速下降，从而使飞机失去控制乃至坠毁。采用推力矢量之后，不论在何种飞行状态，飞机都能依靠发动机提供所需要的操纵力矩，使飞机实现大迎角过失速机动，这不但扩大了飞机的飞行包线，而且有助于飞机完成特殊的战术机动动作，争夺空战的优势。

（4）改善飞机的起降性能

在飞机起飞时，推力矢量不仅可以产生直接升力，而且可以利用推力矢量产生抬头力矩，使飞机在较低的速度下抬起前轮，增大迎角，缩短起飞滑跑距离。

敏捷性、过失速机动能力是当代和下一代战斗机设计中追求的重要特性。推力矢量技术对飞机的空战效能有着极其重要的影响，推力矢量技术的使用能够大大提升下一代飞机在近距格斗作战时的作战效能，采用推力矢量技术将成为下一代战机的主要标志之一。

上述及相关未完全列举的研究阐述了研究具有矢量能力的发动机排气系统对第五代战斗机的重要性。基于未来军事应用的需求，带有矢量推力能力的发动机喷管能够极大地增强下一代战斗机的作战能力和生存能力，随之而来是对新一代发动机排气系统更加严苛的气动和隐身性能要求，因此如何在保证发动机排气性能的基础上提高其隐身性能，对其进行综合优化设计成为研究的重点。

1.4 机械调节式矢量喷管的发展历程

根据矢量喷管的几何外形和矢量推力产生原理，可以将矢量喷管划分为机械调节式和射流推力矢量式两种。机械调节式推力矢量喷管主要有二元、轴对称、球面收敛和三轴承等类型；射流推力矢量喷管根据射流控制方案的不同可以分为激波矢量控制、喉道偏斜矢量控制以及逆流推力矢量控制三种主要类型。

（1）二元矢量喷管

二元矢量喷管是利用喷管出口位置上下两个板形构件的偏转改变出口主流的流动方向从而产生相应的矢量推力。二元矢量喷管在结构上比轴对称喷管简单，能实现较大的矢量角，易于实现反推力。缺点在于结构笨重，且在单发情况下，只能够提供单一方向上的矢量力和力矩。目前，装备二元矢量喷管的F119发动机已经在美国空军的F-22战斗机上投入了实际应用（见图1-3）。

早在20世纪70年代，美国的学者就对二元矢量喷管开展了大量的研究工作。重点研究了喷管与飞机机体的匹配问题，通过风洞测试的方式研究了不同类型二元矢量喷管的内部气动性能，测试了喷管与不同机体匹配时对飞机巡航升/阻力的影响以及后机体对喷管性能的影响和二元矢量喷管对飞机机动性、起降性能、生存力和红外信号的影响。在进行了大量前沿探索研究之后，美国的发动机研究巨头普惠公司和通用动力公司均提出了自己

图 1-3　F-22 采用的二元矢量喷管

的二元矢量喷管方案，并各自对设计方案进行了试验研究。在早期的设计中，二元矢量喷管不仅能够实现俯仰方向上的推力矢量而且具备一定的反推力能力。1982—1989 年，普惠公司对二元矢量喷管进行了长时间的地面和高空台试验测试。从 1989 年开始，普惠公司的二元推力矢量喷管在以 F-15 为基准改进得到的短距起降技术验证机上进行了飞行试验，试验表明采用二元矢量喷管可以有效缩短 F-15 战斗机的起降距离[16]。从 1991 年起，美国就开始进行装备二元矢量喷管的 F119 发动机的工程发展研究，同时为了进一步简化结构而在 F119 的二元喷管上取消了反推力能力，只保留了俯仰推力矢量能力。Bobby L 等人在美国国家航空航天局（NASA）兰利研究中心的风洞研究了静态条件下喷管的几何参数对非轴对称矢量喷管内部流动的影响，研究表明在几何参数中膨胀比对于喷管的性能影响最大[17~19]。Leavitt L D 等人对不同落压比下矢量角及型面参数对于二元矢量喷管的性能影响进行了静态测试，测试结果表明在非矢量状态下，在同样的膨胀比下二元矢量喷管内部流场特性与轴对称喷管相似；随着落压比的逐渐增大，当进口压力达到可以消除大偏转情况下扩张板侧部流动分离的工况之后，气动矢量角大于几何矢量角并随落压比的增加逐渐趋于设计值[20]。国内学者对二元矢量也进行了相关的研究，研究的重点主要集中于采用数值模拟的方法研究二元收敛喷管的内部流动结构与喷管的气动性能。王新月等人采用有限差分法对二元矢量喷管的内流场和推力性能进行了数值模拟研究，其中流场计算部分运用两层代数湍流模型，对初场、网格进行处理[21]。杨弘炜等人采用多重网格 McCormack 显示格式对非矢量状态下和矢量状态下的二元矢量喷管的内流场进行了数值分析计算[22,23]。陈怀壮研究了二元矢量喷管的结构特点，并针对某型发动机设计出了相应的二元矢量喷管，对相关结构部件进行了力学分析和结构优化[24]。与国外研究相比，国内的研究处于比较落后的状态，缺少相关的地面试验和飞行试验。

　　（2）轴对称矢量喷管

　　轴对称矢量喷管利用作动装置带动喷管的收敛段和扩张段在一定范围内偏转，产生矢量推力。与其他机械调节式矢量喷管相比，轴对称矢量喷管的主要优势在于：飞机不需要做较大改装即可实现矢量推进；偏转机构设计简便，推力损失小，且气流偏转在扩张段内实现，气动负荷较小，易密封；气流偏转是在出口截面实现的，相对飞机的安装质心最远，新增力矩最大，矢量作用效果较为明显。缺点是可以提供的矢量偏角相对较小。苏联从 20 世纪 80 年代起开始对二元矢量喷管和轴对称矢量喷管同时进行试验研究，对比研究后认为轴对称矢量喷管更具有优势，此后苏联/俄罗斯学者将研究重点放在了轴对称矢量喷管方向。俄罗斯于 20 世纪 90 年代初在 AL-31 发动机的基础上改装轴对称矢量喷管，编号为 AL-37FU，并进行了一系列地面试验。该轴对称矢量喷管只能在俯仰方向实现推力矢量，并不具备三维多轴推力矢量能力。装有两台 AL-37FU 的苏-37 飞机进行了飞行验证，推力矢量喷管在不改变飞机原有气动设计的基础上有效地提高了飞机的机动性[25]。为实现三维多轴推力能力，美国的普惠公司和通用电气公司在已有的大量二元矢量喷管的设计经验基础上，根据各自不同的需求研制了轴对称矢量喷管，并进行了相应的飞行试验[26]。通用电气公司在 F110 发动机喷管的基础上设计了轴对称矢量喷管[27]，并相继进行了喷管冷态试验、地面装机试验，重点研究了轴对称矢量喷管调节片和密封装置的性能以及矢量角范围和喷管偏转角速度[28]。普惠公司则针对 F100 发动机喷管改进设计出自己的轴对称推力矢量喷管，其方案为俯仰/偏航平衡梁式喷管。普惠公司对该方案相继进行了喷管调节机构运动学规律研究和喷管的地面试验[29]。与二元矢量喷管相比，国内针对轴对称矢量喷管的研究相对较多，研究范围也较为宽泛，不仅研究了喷管的气动特性，对轴对称矢量喷管的机械结构设计、调节规律也进行了相关的研究。卢燕等人验证了有限体积法对轴对称矢量喷管的流场计算的适用性，并通过数值模拟计算得到了轴对称矢量喷管相关的性能参数，分析了性能参数及其相关运动参数之间的关系[30]。李晓明等人分析了轴对称矢量喷管运动机构的特点，通过推导各个运动机构之间的运动方程，建立了该运动机构的数学模型，采用合适数值优化方法对运动机构进行了优化[31]。北京航空航天大学的王利军将空间机构学基本理论与旋转矩阵和空间几何学相结合，对轴对称矢量喷管进行了运动仿真，对矢量喷管机构及其主要构件进行了强度和刚性的有限元分析[32]。梁海涛以某型轴对称矢量喷管为例推导了喷管的运动方程和受力分析，对进一步研究喷管的控制规律具有一定的参考价值[33]。金捷等人对轴对称矢量喷管的气动热力学特性进行了数值计算和模型试验研究，除此之外还对其运动机构进行了数值仿真，并在发动机整机上进行了试验验证[34~37]。张群锋等人利用数值模拟和台架试验相结合的方法，对比研究了机械调节式轴对称矢量喷管和轴对称射流矢量喷管的内外流流动特性，重点研究了轴对称矢量喷管的动态偏转特性和轴对称射流矢量喷管在非矢量状态下的推力效率[38]。

（3）球面收敛矢量喷管

球面收敛矢量喷管（spherical convergent vector nozzle，SCFN）是普惠公司在之前研究的二元收扩/反推力矢量喷管的研究成果的基础上提出的多功能二元推力矢量喷管。SCFN 是唯一被正式列入由美国政府/工业界两方支持的"综合高性能涡轮发动机技术"计划中的矢量喷管[39~41]。SCFN 是一种混合式轴对称/非轴对称推力矢量喷管，它采用代替万向节的球形结构在喉道上游与喷管的收敛段集成一体，既可以兼顾轴对称横截面结构矢量效率高、重量轻、压力分布均匀及矩形横截面结构易于与机身一体化以及雷达截面积小的特点，又可以大大缩短或取消"圆形转矩形"过渡段，有助于减轻重量。在保留了二元喷管原有优点的同时，还增加了偏航矢量能力。

SCFN 与轴对称矢量喷管和常规二元矢量喷管相比，采用球形收敛段代替了传统二元矢量喷管所使用的圆转方过渡段，使得从圆形向矩形流路的过渡直接发生在喷管喉道前的高压区，从而降低了气动损失，同时还能够缩短喷管长度，降低喷管重量。SCFN 保留了二元喷管的扩张调节机构，但是与传统二元喷管不同的是能够提供偏航方向上的力和力矩；SCFN 喷管的结构和控制的复杂程度介于轴对称矢量喷管和二元矢量喷管之间；SCFN 不仅可适配新型战斗机，也适用于现役飞机的改装。

Berrier B L 等人用试验测试的方法研究了不同落压比下轴对称矢量喷管和 SCFN 在矢量和非矢量状态下内部流场的结构，重点研究了几何推力矢量角与合成推力矢量角之间的差异和结构参数变化对流场结构的影响，研究结果表明两者的差异很小[42]。

Langley D W 等人将球面收敛矢量喷管的扩张段截面形状由矩形改成六边形和蝴蝶形，试验研究了不同落压比下喷管在矢量和非矢量状态下的气动性能。研究结果表明，改变扩张段截面形状会影响喷管的推力系数，六边形与蝴蝶形截面喷管的推力系数要小于矩形截面[43]。

Syed S 等人验证了计算流体力学方法用于计算 SCFN 喷管内部流场的精度，验证标准是对比数值模拟与试验测试得到的喷管壁面压力分布，研究结果表明采用欧拉方法在计算壁面压力分布时已经可以达到可信的精确度[44]。

国内相关学者对球面收敛二元喷管也进行了相关的研究，主要开展了 SCFN 结构设计、气动性能的数值模拟计算与实验测试。

李雨桐等人通过使用商用三维建模软件中的运动仿真与虚拟装配模块，对 SCFN 喷管的结构参数进行了优化，得到了满足设计要求的方案[45]。

赵春生等人根据轴对称球面塞式喷管的结构特点，运用 UG/Motion 技术构建了该喷管的运动模型；采用运动仿真技术验证了运动机构在喷管矢量和非矢量状态下的方案设计的合理性和可行性，并确定了矢量作动筒的控制规律[46]。

张小英等人计算了球面收敛二元矢量喷管在不同的气膜冷却模型下对喷管扩张调节片的冷却效果，在计算喷管辐射换热时分光谱进行，计算结果表明偏转矢量喷管的壁面温度沿轴向有明显变化，沿偏转方向上的壁温较低[47]。

张靖周等人在不同的进口条件下，在小型热射流实验台架上运用红外成像显示和流场测量，对 SCFN 不同喉道宽高比、不同矢量角下的热射流特征进行了实验测试，获得了 SCFN 的热射流特征。研究结果表明在收扩喷管喉道宽高比为 2 时，热射流被分成两股[48]。

王宏亮采用数值模拟的方法对 SCFN 喷管的流动特性进行了详细的研究，主要研究了喷管喉道宽高比对喷管气动性能的影响以及矢量状态下几何推力矢量角对流场性能的影响[49]。

征建生等人采用数值模拟的方法研究了高空状态下 SCFN 处于俯仰矢量状态下对于喷管自身气动性能及红外辐射特性的影响。研究结果表明：当俯仰矢量角小于 20° 时，俯仰矢量角对于排气系统的推力系数和总压恢复系数的影响微弱；随着俯仰矢量角的增加，排气系统红外辐射峰值呈现下降的趋势[50]。

（4）三轴承矢量喷管推力

上文提到的三种机械矢量喷管受到自身机构的限制，只能在较小的范围内实现矢量偏转。为了满足短距/垂直起降飞机对于发动机喷管的要求，学者提出了一系列能够实现大角度矢量的喷管结构设计方案。Jack B 等人最早提出了一种能够实现较大推力矢量角度的旋转矢量喷管方案，他在设计中分别采用了两段管道和三段管道两种形式。他提出的方案是在管道外侧安装固联齿轮，通过齿轮的啮合传动带动管道旋转，从而实现大角度矢量偏转。但是当气流通过喷管时，气动载荷会直接作用于齿轮，引起剧烈的振动，导致传动极不平稳[51]。Kopp G 等人对上述方案的缺陷进行了改进，提出了一种四段式矢量喷管方案。在其设计方案中，首次采用轴承替代管道外侧的齿轮结构，从而简化了管道之间的连接结构。但由于喷管采用了四段管道实现大角度矢量偏转，增加了喷管的轴向尺寸，因此气动损失仍然很大。在上述两个方案中，喷管能够实现的最大矢量偏角均为180°，但是在实际应用中，90°的偏角矢量已经可以满足飞机垂直/短距起降的需求[52]。Kurti A 等人设计了一种最大矢量偏角为90°的三轴承矢量喷管方案。在该方案中，三段喷管之间采用齿轮驱动方式连接，其中相邻两级管道之间采用同速反向旋转[53]。Dudley O N 大量采用齿圈结构替代了 Kurti A 等人方案中所采用的齿轮轴和锥齿轮装置，从而使喷管结构变得更加紧凑[54]。Roberts M C 等人设计的方案在上述两人的方案基础上，取消了一级同步装置，该方案采用了液压或者气压传动作为驱动方式。在该方案中喷管结构简单、紧凑，各级喷管可相对偏转接近180°[55]。目前，三轴承旋转矢量喷管作为美国 F-35B 战斗机配用的发动机喷管已经投入实际使用（见图1-4）。

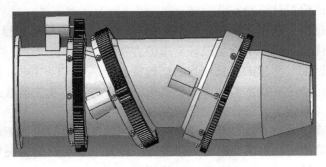

图1-4 三轴承矢量喷管

国内学者针对三轴承矢量喷管的研究重点针对 F135 发动机上配用的三轴承矢量喷管，主要研究其运动规律和流动性能。

王向阳等人采用喷管固联坐标系逐级转换的方法得到了三轴承喷管的运动学控制规律，分析了矢量角与三级喷管转角之间的非线性关系，同时采用缩比模型试验验证了推导的喷管运动规律的可行性[56]。

王中荣等人基于三轴承矢量喷管的三轴共面理论，运用坐标转换完成了三轴承矢量喷管运动规律方程的推导，通过计算实例和运动仿真技术验证了其推导的运动规律方程的正确性[57]。

刘帅等人研究了非线性和线性两种矢量角控制规律下三段筒体随时间的旋转规律，并在此基础上对所设计的三轴承矢量喷管在矢量状态下的流动特性以及偏转驱动力矩和动态特性进行了数值模拟仿真[58~60]。

1.5　航空发动机后向电磁散射特性研究与发展

航空发动机进/排气系统的电磁散射特性一直是应用电磁学领域最具有挑战性的问题之一。进/排气系统的电磁散射特性与飞机的隐身性、可探测性、生存力之间息息相关。

较早的电磁散射测试结果已经证明飞机的进气道对于飞机的前向电磁散射具有非常重要的影响。发动机的喷管与进气道同属典型的腔体结构，航空发动机的喷管对于飞机后向电磁散射同样具有重要影响。近几十年来，国内外学者针对此类问题开展了大量的研究工作，发展了多种成熟的数值算法用以计算日益复杂的类进气道/喷管结构单端开口腔体的电磁散射特性。根据数值模拟方法所依据的物理原理、数学近似准则和算法结构，可以分为高频近似方法和全波数值算法。

高频近似方法主要有如下几类：

（1）理论法与导波模式法

最早用于进/排气系统电磁散射特性计算的是理论法。但是显而易见，理论法只能够计算单端开口的圆柱形腔体等结构非常简单的模型。尽管理论法具有很高的理论价值，但是随着频率升高，理论法计算收敛难度增加限制了其进一步的实际应用价值。导波模式法（model method）被用于研究电磁波在腔体内部的传播和反射。导波模式法一般只适用于计算小尺寸、几何形状规范的单端开口腔体[61~64]。

（2）射线方法

当计算的频率较高时，采用基于光学射线理论的方法来模拟进/排气系统的内部反射成为一种新的选择[65,66]。在射线方法中，假设电磁波中所包含的能量是沿着射线管传播的。典型的射线方法包括几何光学法（geometrical optics，GO）、几何光学绕射法（geometrical theory of diffraction，GTD）[67]、弹跳射线法（shooting and bouncing rays，SBR）以及基于 SBR 方法改进的广义射线展开法（generalized ray expansion，GRE）。几何光学方法是用射线管理论来描述电磁波散射机理和能量传播的经典方法。弹跳射线法建立在几何光学法所使用的射线管理论的基础上，又称为几何光学/口径积分（geometrical optics/aperture integration，GO/AI）方法[68]。SBR 方法的物理过程清晰、算法易于编程实现；同时，SBR 方法对于目标体的形状限制较少，能够较好地处理腔体内壁涂覆介质的情况，因此 SBR 方法被广泛应用于腔体的电磁散射计算。GRE 方法是在 SBR 方法基础上的一种改进算法，它与 SBR 方法最大的不同在于对入射电磁波的处理：在 SBR 方法中，口面上入射电磁波被处理成一组平行的射线管；在 GRE 方法中，口面被分割成多个小平面，而入射的电磁波用不平行的射线管来模拟。GRE 方法考虑了边缘绕射问题的计算[69~71]。GTD 方法的提出是为了计算 GO 方法无法处理的边缘绕射问题。SBR 方法和 GRE 方法都是基于 GO 方法，因此 GO 方法的固有缺陷它们也无法避免。这些缺陷主要是基于射线的方法无法处理焦散区的散射问题；随着研究目标的尺寸增大，射线的数组也随之增多，导致计算精度下降[72~75]。

（3）物理光学法及其改进算法

物理光学法（physical optics，PO）是将散射场表示为散射体表面上的感应电流积分[76]。PO 方法基于 Stratton-Chu 积分方程，根据高频场的局部性原理，忽略了目标各个部分之间的相互影响。PO 方法适用于计算变化缓慢的较大尺寸的目标的散射场，能够较好地反映目标对于电磁波的镜面反射效果[77~79]。在 PO 方法的基础上，国外学者提出了两种改进的 PO 方法：迭代物理光学法（iterative physical optics，IPO）[80]和改进的物理光学法（progressive physical optics，PPO）[81]。这两种改进方法均将 PO 法计算得出的散射场作为迭代求解的初始值，进而采用迭代的方法计算物体散射场。IPO 方法考虑腔体电磁波在腔体内部的多次折射，用修正电流和初始电流叠加来逼近散射目标的表面真实电流[82]。PPO 方法也是一种迭代方法，但是该方法只进行一次迭代，在计算物体表面的感应电流时考虑该面元所在位置前后面元对其感应电流的影响。因此，迭代物理光学法多应用于单端开口腔体电磁散射问题的求解[83~86]。随着物理光学法的广泛应用，近几年各国学者也对其提出了一些改进措施[87,88]。西北工业大学杨青真团队针对迭代物理光学法在航空发动机排气系统电磁散射特性数值模拟仿真计算方面开展了大量的工作。杨涛等人针对迭代物理光学方法中面元之间遮挡关系判断提出了快速判断复杂腔体面网格相互可见性的拓扑踪迹算法。该算法与原有方法相比，提高了遮挡关系的判断效率[89]。陈立海开展了 IPO 方法并行算法及其具体实现形式的研究，并采用并行 IPO 算法对典型的轴对称排气系统的电磁散射特性进行了相关的研究[90]。李岳峰采用 IPO 方法对适用于隐身飞机的 S 形进气道和 S 形喷管进行了一系列系统的研究，主要研究了 S 形管道的主要几何参数对其电磁散射特性的影响[91]。

物理光学法对于复杂电大尺寸目标有较好的计算结果，并在镜像方向特别准确，而且在时域或频域之中物理光学法都适用。基于上述原因，采用物理光学法对复杂外形电大尺寸目标散射场的研究较多[92,93]。

全波数值算法主要有以下三种：

（1）矩量法

矩量法（method of moment，MOM）从本质上来讲是一种求解积分方程的高精度方法[94]。矩量法将连续的积分方程离散成矩阵方程，通过求解该矩阵方程可以求出物体表面的电流分布，进而求出物体的散射场。矩量法适用于任意电磁激励下的任意尺寸目标的散射场计算。但是受到算法自身特性以及计算硬件的限制，MOM 方法通常用于计算低频区和谐振区的目标散射场[95]。

矩量法的应用主要受限于以下三个方面：①必须将所要求解的问题变为相应的积分方程形式。②当未知量的个数为 N 时，矩量法所需要的计算量为 $O(N^2)$；当采用直接分解或迭代求解时，所需要的计算量分别为 $O(N^3)$ 或 $O(N^2)$。③当工作波长接近散射体的谐振波长时，阻抗矩阵就会变成病态，从而产生内谐振现象，导致计算结果不稳定也不准确。

（2）有限元法

有限元法（finite element method，FEM）是用泛函变分表达式来离散电磁场微分方程[96]。FEM 方法的基本思路是将求解域看成是由许多称为有限元的小的互连子域组成，对每一单元假定一个合适的（较简单的）近似解，然后推导求解这个域总的满足条件，从而得到问题的解。FEM 方法适用于计算具有复杂边界条件和复杂内部结构的电磁散射问题。当使用 FEM 方法计算三维电大尺寸问题时，所需的未知量的数目是巨大的[97~102]。

（3）时域有限差分法

与 FEM 方法不同，时域有限差分法（finite difference time domain，FDTD）是用差分格式直接离散电磁场时域矢量偏微分方程[103]。FDTD 方法最早由 K. S. Yee 于 1966 年提出，FDTD 方法直接离散时域波动方程，不需要任何形式的导出方程，故不会因为数学模型而限制其应用范围。但是，FDTD 方法在求解电大尺寸腔体散射问题时具有计算量大和数值色散的问题；FDTD 方法无法应用于含有电小尺寸的电大尺寸目标的求解[104~107]。

　　无论是高频近似方法还是全波数值算法，在单独用以模拟航空发动机进/排气系统以及航空发动机喷管/后机身一体化的电磁散射特性时都会遇到不同的问题。为了更精确地获得航空发动机的电磁散射特性，将不同类型的方法混合使用、取长补短成为航空发动机排气系统电磁散射特性数值模拟方法的发展趋势。

　　混合方法的思路是将航空发动机排气系统及航空发动机喷管/后机身划分为不同的部分，根据每个部分的几何特征确定采用何种方法。一般来说，航空发动机的排气系统可以分为两个部分：后部简单腔体结构和前端由涡轮叶片、喷管中心锥、混合器等部件组成的复杂段。简单腔体部分可以采用高频近似方法，采用此类方法可以在保证计算精度的前提下，简化计算的复杂度、提高计算效率；复杂段采用全波数值方法，全波数值方法补充了高频近似方法的计算范围，同时由于复杂段的尺寸较小，相较于采用全波数值算法计算全尺寸航空发动机排气系统，减少了全波数值算法的计算量，从而使得计算效率得以提高。

　　国内外学者针对应用于腔体电磁散射特性计算的混合算法进行了大量的研究。

　　Chia T T 等人研究了二维情况下射线方法与 FDTD 的耦合算法，其中高频部分采用 GRE 方法、低频部分采用 FDTD 方法，因为更新 FDTD 计算域的信息无须经过复杂的矩阵操作。在二维问题的基础上，Chia T T 联合其他学者将此耦合思路拓展到三维问题的求解上。Chia T T 等人认为采取何种高频近似方法主要是由简单腔体的几何特征决定的[108]。

　　Jeng S K 等人研究了二维情况下 PO/SBR 方法与 FEM 方法结合在一起的混合算法，并将此方法用于电大尺寸带有开口的平板的计算[109]。

　　Ross D C 等人研究了 FEM 方法与 SBR 方法、GRE 方法合在一起的混合方法。他们采用广义模态散射矩阵解决了 FEM 方法与导波模式法之间的耦合问题[110]。

　　Baldensperger P 等人研究了 SBR 方法与高阶的有限元边界积分（finite element-boundary integral，FE-BI）方法的混合方法，并将该混合方法用于矩形 S 弯模型的雷达截面积（radar cross section，RCS）模拟。在该混合算法中，误差主要产生于 SBR 方法计算简单腔体和耦合面上的近似处理[111]。

　　Jin J M 等人将 SBR 方法与标准的 FEM 结合构成混合算法，并将该方法应用于开缝或开槽电大尺寸平面目标的 RCS 计算。该混合算法的特征是考虑了电大尺寸目标与电小尺寸目标之间的影响；SBR 方法和 FEM 方法可以分开计算[112]。

　　Lim H 等人以 MoM 为基础，结合自适应 IPO 方法研究了带有叶片的进气道的电磁散射特性[113]。

　　王浩刚以电大尺寸含腔体复杂目标这一问题所展开的三个子问题作为线索分别研究了高效求解含腔目标外域问题的多层快速多极子方法和高效求解含腔目标内腔散射贡献问题的腔体级联法，并提出了广义混和场积分方程新技术。利用这一新技术，并结合多层快速多极子方法和腔体级联法，成功求解了含腔电大复杂目标的电磁散射[114]。

　　聂小春首次将广义网络原理应用于复杂电磁散射问题的混合算法分析中，并在此基础上开发出 IPO-MoM、IPO-FDTD 及 IPO-BIM 等多种混合算法。本书方法的最大特点是使高频近似方法和低频数值方法的分析完全独立，并且考虑了目标表面各部分间的主要耦合因素[115]。

　　王璟研究了 IPO 方法与 FDTD 方法结合在一起的混合算法。采用提取"本底噪声"的方法提高了混合算法的数值计算精度[116]。

刘友键等人研究了 GRE 方法与 FDTD 方法结合的混合算法。其算法的耦合原则采用的是 Chia T T 等人提出的耦合原则[117]。

何小祥等人以矢量有限元方法（edge based-finite element method，EB-FEM）为基础，将迭代物理光学法的子域连接法与 EB-FEM 相结合，提出了一种新的混合方法——IPO/FEM 法。建立了 IPO/FEM 混合法数学模型，并将其应用于分析电大尺寸复杂结构腔体的电磁散射特性。将迭代物理光学法推广到非完纯导体边界目标的电磁散射特性分析中，建立了具有阻抗边界的 IPO 理论模型，并应用这种推广的 IPO 方法分析几何结构简单的电大尺寸介质涂覆腔体的电磁散射特性。在此基础上，将改进的 IPO 与 FEM 相结合对工程实际中所常见的具有复杂几何结构终端的电大尺寸介质涂覆腔体的电磁散射特性进行分析[118]。

马骥研究了矩量法与物理光学方法的混合原理，给出了其基本公式和算法步骤。针对物理光学理论无法处理边缘绕射场和阴影区电流的问题，分别利用等效电磁流法和非一致性网格法进行修正，数值算例表明修正后的混合算法在计算精度上有明显的提高。在马骥的研究基础上，陈文锋研究了积分方程傅里叶变换方法（integral equation fast Fourier transform，IE-FFT）与 PO 混合方法，使快速算法与高频近似方法能更好地结合在一起，扩展了高低频混合算法。运用基于混合场方程的改进型单层 IE-FFT 方法，简化了近场修正过程，并对无效的笛卡儿投影网格进行舍弃处理。改进型单层 IE-FFT 与 PO 混合方法，进一步结合最佳一致逼近技术，使得可以高效计算宽频带电磁问题，并给出了此算法的均方根误差[119,120]。

吴海峰以 MoM 为基础，以电大尺寸复杂腔体的电磁特性为分析对象，对 MoM 与迭代物理光学法进行了研究，将迭代物理光学与 MoM 相结合，提出了一种新的混合方法——IPO-MoM 法。建立了 IPO-MoM 混合法数学模型，并将其应用于分析电大尺寸复杂结构腔体的电磁散射特性和研究电大尺寸腔体终端涡轮旋转叶片的旋转对电磁信号的调制效应[121]。

1.6 航空发动机排气系统电磁散射特性的测试发展历程

目前，计算电磁学的理论已经发展得较为完善，能够计算多种典型目标的 RCS。但是复合材料在飞机中的大量应用及飞机外形的日益复杂，给现有的计算方法提出了巨大的挑战。测量技术是除数值模拟之外，获取目标电磁散射特性的一个十分重要的方法。对目标进行 RCS 的测量主要集中于以下两个目的：

（1）通过实际测量可以得到大量与目标相关的特征数据，在建立相应的目标电磁散射数据库的同时，了解目标的电磁散射现象；

（2）通过实际测量可以对数值计算算法进行精度校验，以验证数值算法的可靠性。

依照不同的分类标准，RCS 测试可以分为不同的类型。根据测试雷达的脉冲宽度和相干性，RCS 测试可以分为普通型、高分辨型、相干型以及调频相干型 4 种不同类型。根据测试场地的不同，RCS 测试可以分为外场测试和室内测试。其中，外场测试能够较为轻松地满足远场测试条件，但是在外场测试中，测试环境容易受到天气的影响，同时与室内测试相比，要花费更大的代价才可以获得超宽带、高分辨、高精度的测量值；室内测试则可以提供一个可控的电磁测试环境，能够花费较小的代价得到高精度的测试结果。

国内外学者对于飞行器的 RCS 测试开展了大量的研究工作，但是对于航空发动机进/排气系统的 RCS 测试工作开展得较少。

Anastassiu H T 等人对一个带有单级涡轮叶片和中心锥的圆柱形类发动机喷管模型进行了 RCS 测试和数值模拟计算，对实验测试结果和数值模拟结果进行了对比验证，对比结果表明导波模式法对该模型的数值模拟结果是可信的[122]。

Chan K K 等人用改进的导波模式法对带有叶片和中心锥的圆柱形腔体进行了数值模拟计算，同时对该模型在 X 波段下的 RCS 进行了测试；对比数值模拟结果和测试结果，证明改进后的导波模式法对于内部含有复杂部件的腔体的电磁散射特性能够进行较好的模拟[123]。

Lim H 等人对一个带有三级叶片的轴对称排气系统的 RCS 进行了试验测试。测试结果表明涡轮叶片的调制效应是十分复杂的，且航空发动机的调制效应对于提取发动机的 RCS 特性具有重要的意义[124]。

Odendaal J W 等人对一种用于无人机的进气道的 RCS 进行了测试，同时对涂覆雷达吸波材料（radar absorbing material，RAM）的效果进行了相关的测试和讨论。测试结果表明，涂覆 RAM 是一种有效的 RCS 缩减措施[125]。

目前从已经公开的文献来看，关于航空发动机的排气系统的电磁散射特性测试较少。主要集中在航空发动机进气道的电磁散射特性的测试上。

韩东等人对一种与机身融合的直升机进气道进行了电磁散射测试，重点研究了不同雷达吸波材料的涂覆位置对于 RCS 缩减效果的影响，研究结果表明在进气道唇口、动力舱等位置涂覆吸波材料的 RCS 缩减效果最好；同一方案在垂直极化方式下的 RCS 缩减效果要优于水平极化方式下[126]。

谢雪明等人对无边界层隔道进气道和皮托管式进气道的电磁散射特性进行了试验研究，得到了无边界层隔道进气道进口唇罩锯齿角、唇罩内切角等几何参数对 RCS 的影响规律。研究结果表明无边界层隔道进气道的 RCS 低于皮托管式进气道，无边界层隔道进气道的前向散射主要来源于外罩唇口的电磁波散射[127]。

石磊等人对一种平面埋入式进气道在 Ku 波段下的电磁散射特性进行了测试，得到了该埋入式进气道的 RCS 随测试方位角、飞行迎角的变化规律，测试结果表明迎角的变化对于埋入式进气道的 RCS 的影响较小[128]。

余安远等人对三种不同进气道与弹体组合所得的三种模型进行了 RCS 试验测试。测试结果表明，采用多边形截面弹身搭配埋入式进气道能够获得良好的隐身效果，是下一代导弹隐身设计的主要发展方向[129]。

参考文献

［1］阮颖铮 . 雷达截面与隐身技术［M］. 北京：国防工业出版社，1998.

［2］桑建华，王钢林 . 固定翼飞行器红外隐身［J］. 隐身技术，2005（1）：2-7.

［3］王小谟 . 雷达与探测：信息化战争的火眼金睛［M］. 北京：国防工业出版社，2008.

［4］桑建华 . 飞行器隐身技术［M］. 北京：航空工业出版社，2013.

［5］张然，魏俊淦，田建学 . 军用飞机隐身技术的现状与发展［J］. 硅谷，2008（23）：122.

[6] 董应超,申彪,张丽静.无人机隐身技术发展研究[J].飞航导弹,2017(4).

[7] 《空军装备系列丛书》编审委员会.现代空军装备概论[M].北京:航空工业出版社,2010.

[8] 李胜利.世界九大军工企业军用飞机产品汇编[M].长沙:国防大学出版社,2015.

[9] 林左鸣.战斗机发动机的研制现状和发展趋势[J].航空发动机,2006,32(1):1-8.

[10] 王玉新.喷气发动机轴对称推力矢量喷管[M].北京:国防工业出版社,2006.

[11] 昂海松,余雄庆.飞行器先进设计技术[M].北京:国防工业出版社,2014.

[12] 范文正,李明.推力矢量喷管现状和发展趋势[J].航空科学技术,2006(1):21-22.

[13] 贾东兵,周吉利,邓洪伟.固定几何气动矢量喷管技术综述[J].航空发动机,2012,38(6):29-33.

[14] 宋亚飞,高峰,何至林.流体推力矢量技术[J].飞航导弹,2010(11):71-75.

[15] 王占学,刘帅,周莉.S/VTOL战斗机用推力矢量喷管技术的发展及关键技术分析[J].航空发动机,2014,40(4):1-6.

[16] Capone F, Smereczniak P, Spetnagel D, et al. Comparative investigation of multiplane thrust vectoring nozzles [R]. AIAA-92-3263, 1992.

[17] Berrier B L, Mason M L. Static investigation of post-exit vanes for multiaxis thrust vectoring [R]. AIAA 87-1834, 1987.

[18] Berrier B L, Mason M L. Static performance of an axisymmetric nozzle with post-exit vanes for multiaxis thrust vectoring [R]. NASA TP, 1988.

[19] Berrier B L, Richard J. Effects of several geometric parameters on the static internal performance of three non-axisymmetric nozzle concepts [R]. NASA TP-1468, 1979.

[20] Re R J, Leavitt L D. Static internal performance including thrust vectoring and reversing of two-dimensional convergent-divergent nozzles [J]. University of London, 1984, 1 (A8): 13715-13716.

[21] 王新月,赵芝斌.二元矢量喷管流场及性能数值模拟[J].航空动力学报,1996(2):199-201.

[22] 杨弘炜,李椿萱.不同矢量偏角下二元喷管内流特性的数值研究[J].航空动力学报,1995(3):217-220.

[23] 杨弘炜,李椿萱.二元矢量喷管内流特性的数值模拟[J].航空学报,1996,17(1):85-91.

[24] 陈怀壮.二元推力矢量喷管的结构设计及优化[D].南京:南京航空航天大学,2008.

[25] 计秀敏.苏-37的推力矢量技术[J].国际航空,1997(1):21-22.

[26] Karr C L. Two-dimensional thrust vectoring nozzle optimization techniques [R]. AIAA-91-0473.

[27] Friddell J H, Franke M E. Confined jet thrust vector control nozzle studies [J]. Journal of Propulsion & Power, 2015, 8 (6): 1239-1244.

[28] Galor B, Baumann D D. Mathematical phenomenology for thrust-vectoring-induced agility comparisons [J]. Journal of Aircraft, 1993, 30 (2): 248-255.

[29] Johnson S A. A simple dynamic engine model for use in a real-time aircraft simulation with thrust vectoring [R]. NASA-TM-4240, 1990.

[30] 卢燕,樊思齐,马会民.轴对称矢量喷管数值模拟及数学模型研究[J].西北工业大学学报,2002,20(3):383-386.

[31] 李晓明,伏宇.轴对称矢量喷管机构优化设计[J].燃气涡轮试验与研究,2006,19(3):1-5.

[32] 王利军.轴对称喷管机构运动仿真与受力分析[D].北京:北京航空航天大学,1997.

[33] 梁海涛.轴对称喷管运动及受力分析[D].北京:北京航空航天大学,2001.

[34] 金捷,赵景芸,张明恒,等.轴对称矢量喷管内流特性的模型试验[J].推进技术,2005,26(2):144-146.

［35］ 金捷，王强．轴对称矢量喷管内流特性的数值模拟研究 ［J］．航空动力学报，2001，16（4）：394-397.

［36］ 金捷，赵景芸，张明恒，等．轴对称矢量喷管壁面静压分布的试验研究 ［J］．航空动力学报，2000，15（3）：314-316.

［37］ 罗静，王强，额日其太．轴对称矢量喷管内流特性的不同湍流模型计算 ［J］．推进技术，2003，24（4）：326-329.

［38］ 张群锋，吕志咏．轴对称矢量喷管外流对内流干扰研究 ［J］．航空动力学报，2003，18（3）：322-326.

［39］ 梁春华，靳宝林，李雨桐．球形收敛调节片推力矢量喷管的发展 ［J］．航空发动机，2002（3）：55-58.

［40］ Hawkes T M, Obye R C. IHPTET exhaust nozzle technology demonstrator ［R］. AIAA-93-2569, 1993.

［41］ Gutierrez J. First full-scale engine evaluation of an IHPTET exhaust nozzle technology demonstrator ［R］. AIAA-95-2747, 1995.

［42］ Berrier B L, John G T. Internal performance of two nozzles utilizing gimbal concepts for thrust vectoring ［R］. NASA TP-2991, 1990.

［43］ Langley D W, Wing D J. Static thrust and vectoring performance of a spherical convergent flap nozzle with a nonrectangular divergent Duct ［R］. NASA, TP-98-206912, 1998.

［44］ Syed S, Erhart J, King E. Application of CFD to pitch/yaw thrust vectoring spherical convergent flap nozzles ［C］. Joint Propulsion Conference, 2013.

［45］ 李雨桐，孙慈，贾东兵．一种新型球面收敛调节片矢量喷管（SCFN）的三维虚拟设计研究 ［C］．全国零部件设计与制造会议，2002.

［46］ 赵春生，金文栋，徐速，等．基于 UG/Motion 的轴对称球面塞式矢量喷管运动仿真 ［J］．航空发动机，2013，39（5）：51-54.

［47］ 张小英，朱谷君，王先炜．矢量喷管壁温分布的数值计算研究 ［J］．航空动力学报，2003，18（5）：634-638.

［48］ 张靖周，谢志荣，郑礼宝．球面收敛二元扩张矢量喷管热射流特征的实验研究 ［J］．燃气涡轮试验与研究，2004，17（3）：6-9.

［49］ 王宏亮．球面收敛矢量二元喷管气动和红外辐射特性数值计算 ［D］．南京：南京航空航天大学，2007.

［50］ 征建生，张靖周，单勇，等．球面收敛二元矢量喷管气动及红外特性研究：模拟高空状态 ［J］．航空动力学报，2017，32（2）：390-397.

［51］ Jack B. Jet pipe arrangements for jet propulsion engines: United States, US2933891 ［P］. 1960.

［52］ Kopp G, Madelung G O. Swiceable jet nozzle, inteneded especially for vertical take-off and short take-off planes: United States, US3443758 ［P］. 1969.

［53］ Kurti A, Batt R W. Planetary gear system drive mechanism: United States, US3485450 ［P］. 1969.

［54］ Dudley O N. Swivelable jet nozzle: United States, US3687374 ［P］. 1972.

［55］ Roberts M C. Apparatus for moving rotatable components: United States, US7770379 ［P］. 2010.

［56］ 王向阳，朱纪洪，刘凯，等．三轴承推力矢量喷管运动学建模及试验 ［J］．航空学报，2014，35（4）：911-920.

［57］ 王中荣，王蓉，冯松涛，等．三轴承转向喷管转向机构工作原理及运动规律 ［J］．燃气涡轮试验与研究，2015（3）：25-29.

［58］ 刘增文，李瑞宇，刘帅，等．三轴承旋转喷管型面设计与运动规律研究 ［J］．机械设计与制造，

17

2014（7）：65-67.

[59] 刘帅，王占学，周莉，等. 三轴承旋转喷管矢量偏转规律及流场特性研究 [J]. 推进技术, 2015, 36（5）：656-663.

[60] 刘帅，王占学，周莉，等. 三轴承偏转喷管驱动力矩计算及动态特性分析 [J]. 航空动力学报, 2016, 31（12）：2851-2858.

[61] Chuang C, Liang C, Lee S W. High frequency scattering from an open-ended semi-infinite cylinder [J]. Antennas & Propagation IEEE Transactions, 1975, 23（6）：770-776.

[62] Johnson T W, Moffatt D L. Electromagnetic scattering by open circular waveguides [J]. Radio Science, 2016, 17（6）：1547-1556.

[63] Boonzaaier J J, Malherbe J A G. Electromagnetic backscatter from open-ended circular cylinder with complex termination [J]. Electronics Letters, 1989, 25（3）：218-220.

[64] Anastassiu H T, Volakis J L, Ross D C, et al. Electromagnetic scattering from simple jet engine models [J]. IEEE Transactions on Antennas & Propagation, 1996, 44（3）：420-421.

[65] Yee H Y, Felsen L B, Keller J B. Ray Theory of reflection from the open end of a waveguide [J]. Siam Journal on Applied Mathematics, 1968, 16（2）：268-300.

[66] Lee C S, Lee S W. Radar cross section of an open-ended circular waveguide：Calculation of second-order diffraction terms [J]. Radio Science, 1987, 22（1）：2-12.

[67] 林炽森，宫德明，肖良勇，等. 计算天线方向性的 GTD 法 [J]. 西安电子科技大学学报, 1982（1）：45-59, 69.

[68] Ling H, Chou R C, Lee S W. Shooting and bouncing rays：calculating the RCS of an arbitrarily shaped cavity [J]. IEEE Transactions on Antennas & Propagation, 2002, 37（2）：194-205.

[69] Burkholder R J, Chou R C, Pathak P H. Two ray shooting methods for computing the EM scattering by large open-ended cavities [J]. Computer Physics Communications, 1991, 68（1-3）：353-365.

[70] Mackay A. Application of chaos theory to ray tracing in ducts [J]. IEEE Proceedings-Radar, Sonar and Navigation, 2002, 146（6）：298-304.

[71] 周军伟，夏军. 开口腔体电磁散射的 GRE 法计算 [J]. 北京理工大学学报, 1997（6）：671-675.

[72] 徐丰，金亚秋. 计算粗糙海面与大型舰船复合散射的双向解析射线追踪法 [J]. 自然科学进展, 2008, 18（7）：814-825.

[73] 黄沛霖，武哲. 一种射线追踪法的效率改进算法研究 [J]. 北京航空航天大学学报, 2003, 29（7）：607-610.

[74] 袁晶，华根瑞，张生春. 基于 SBR 方法的矩形腔体散射特性分析 [J]. 电子元器件应用, 2012（11）：73-75.

[75] 郭华昌. 复杂终端腔体电磁散射的 SBR 与 FDTD 混合方法研究 [D]. 西安：西北工业大学, 2007.

[76] Boerner W M, Ho C M. Analysis of physical optics far field inverse scattering for the limited data case using radon theory and polarization information [J]. Wave Motion, 1981, 3（4）：311-333.

[77] Chan K K, Tremblay F, Laird S. Physical optics analysis of rotating blades in a cylinder [C]. Antennas and Propagation Society International Symposium, 1995.

[78] Gardner J S, Collin R E. Scattering of a gaussian laser beam by a large perfectly conducting cylinder：physical optics and exact solutions [J]. Antennas & Propagation IEEE Transactions, 2004, 52（3）：642-652.

[79] 肖慧. 物理光学电磁建模方法的研究与实现 [D]. 长沙：国防科学技术大学, 2003.

[80] Obelleiro B F, Rodriguez J L, Burkholder R J. An iterative physical optics approach for Analyzing the electromagnetic scattering by large open-ended cavities [J]. IEEE Transactions on Antennas & Propagation,

1995, AP-43 (4)：356-361.

[81] Obelleiro F, Rodríguez J L, Pino A G. A progressive physical optics (PPO) method for computing the electromagnetic scattering of large open-ended cavities [J]. Microwave & Optical Technology Letters, 1997, 14 (3)：166-169.

[82] Burkholder R J, Lundin T. Forward-backward iterative physical optics algorithm for computing the RCS of open-ended cavities [J]. IEEE Transactions on Antennas & Propagation, 2005, 53 (2)：793-799.

[83] 闫玉波, 葛德彪, 聂小春, 等. 应用改进迭代物理光学方法分析电大尺寸开口腔体散射 [J]. 微波学报, 2001, 17 (1)：35-39.

[84] 顾长青, 舒永泽. 一种改进的物理光学迭代法 [J]. 电子与信息学报, 2001, 23 (10)：1036-1040.

[85] 李岳锋, 杨青真, 高翔, 等. 基于迭代物理光学和等效边缘电流方法的 S 形进气道雷达散射截面研究 [J]. 推进技术, 2013, 34 (5)：577-582.

[86] 丁皓. 迭代物理光学加速及改进方法研究 [D]. 杭州：浙江大学, 2015.

[87] Catedra M F, Delgado C, Diego I G. New physical optics approach for an efficient treatment of multiple bounces in curved bodies defined by an impedance boundary condition [J]. IEEE Transactions on Antennas & Propagation, 2008, 56 (3)：728-736.

[88] Gonzalez V B, Martinez L J, Rappaport C, et al. A new physical optics based approach to subreflector shaping for reflector antenna distortion compensation [J]. IEEE Transactions on Antennas & Propagation, 2013, 61 (1)：467-472.

[89] 杨涛, 陈玉林. 飞机/发动机复杂腔体遮挡算法研究 [J]. 雷达科学与技术, 2013, 11 (2)：118-124.

[90] 陈立海. 航空发动机排气系统目标红外/RCS 特性计算研究 [D]. 西安：西北工业大学, 2013.

[91] 李岳峰. 飞行器进排气系统气动及电磁辐射特性一体化数值模拟研究 [D]. 西安：西北工业大学, 2014.

[92] Umul Y Z. Physical optics scattering of waves by a half-plane with different face impedances [J]. IEEE Antennas & Wireless Propagation Letters, 2011, 10 (1)：21-24.

[93] Adana F S D, Diego I G, Blanco O G, et al. Method based on physical optics for the computation of the radar cross section including diffraction and double effects of metallic and absorbing bodies modeled with parametric surfaces [J]. IEEE Transactions on Antennas & Propagation, 2004, 52 (12)：3295-3303.

[94] Harrington R. Field computation by moment methods [M]. New York：Macmillan, 1968.

[95] 张玉, 赵勋旺, 陈岩. 计算电磁学中的超大规模并行矩量法 [M]. 西安：西安电子科技大学出版社, 2016.

[96] Jin J M, Volakis J L. A finite-element-boundary integral formulation for scattering by three-dimensional cavity-backed apertures [J]. IEEE Transactions on Antennas & Propagation, 1991, 39 (1)：97-104.

[97] Jin J M, Volakis J L, Collins J D. A finite element-boundary integral method for scattering and radiation by two-and three-dimensional structures [J]. IEEE Antennas & Propagation Magazine, 1991, 33：22-32.

[98] Ross D C, Volakis J L, Anastassiu H T. Three-dimensional edge-based finite-element analysis for discrete bodies of revolution [J]. IEEE Transactions on Antennas & Propagation, 1997, 45 (7)：1160-1165.

[99] Liu J, Jin J M. A special higher order finite-element method for scattering by deep cavities [J]. IEEE Transactions on Antennas & Propagation, 2000, 48 (5)：694-703.

[100] Liu J, Dunn E, Jin J M, et al. Computation of radar cross section of jet engine inlets with a nonuniform cross section and complex [J]. Microwave & Optical Technology Letters, 2002, 33 (5)：322-325.

[101] 张榴晨, 徐松. 有限元法在电磁计算中的应用 [M]. 北京：中国铁道出版社, 1996.

[102] 周晶晶 . 介质涂层金属圆柱体有限元法电磁散射特性的分析 [J]. 价值工程, 2011, 30（19）：39.

[103] Penney C, Luebbers R. Scattering from a rectangular cavity using FDTD [C]. Antennas and Propagation Society International Symposium, 1993.

[104] Inan U S, Marshall R A. Numerical electromagnetics：the FDTD method [M]. London：Cambridge University Press, 2011.

[105] 高本庆 . 时域有限差分法 FDTD Method [M]. 北京：国防工业出版社, 1995.

[106] 张英 . 电磁散射问题中时域有限差分法（FDTD）的研究 [D]. 西安：西安交通大学, 1992.

[107] 闫淑辉 . 基于时域有限差分法（FDTD）的通用电磁仿真软件设计 [D]. 成都：电子科技大学, 2003.

[108] Chia T T, Burkholder R J, Lee R. The application of FDTD in hybrid methods for cavity scattering analysis [J]. Antennas & Propagation IEEE Transactions, 1995, 43（10）：1082-1090.

[109] Jeng S K, Jin J, Ni S, et al. Combination of PO/SBR and the finite element method for scattering from a large PEC target with a small cavity [C]. Antennas and Propagation Society International Symposium, 1994.

[110] Ross D C, Volakis J L, Anastassiu H T. Hybrid finite element-modal analysis of jet engine inlet scattering [J]. IEEE Transactions on Antennas & Propagation, 1995, 43（3）：277-285.

[111] Baldensperger P, Liu J, Jin J M. A hybrid SBR/FE-BI technique for computing the RCS of electrically large objects with deep cavities [C]. Antennas and Propagation Society International Symposium, 2001：726-729.

[112] Jin J M, Ni S S, Lee S W. Hybridization of SBR and FEM for scattering by large bodies with cracks and cavities [C]. Antennas and Propagation Society International Symposium, 1995.

[113] Lim H, Myung N H. A Novel hybrid aipo-MoM technique for jet engine modulation analysis [J]. Progress in Electromagnetics Research, 2010, 104（4）：85-97.

[114] 王浩刚 . 电大尺寸含腔体复杂目标矢量电磁散射一体化精确建模与高效算法研究 [D]. 成都：电子科技大学, 2001.

[115] 聂小春 . 电磁散射混合方法及相关问题研究 [D]. 西安：西安电子科技大学, 2000.

[116] 王璟 . IPO-FDTD 混合法计算三维复杂腔体的 RCS [D]. 南京：南京航空航天大学, 2002.

[117] 刘友键, 李明之, 王长清, 等 . 计算腔体散射的 GRE-FDTD 混合方法 [J]. 微波学报, 1998（1）：87-93.

[118] 何小祥, 徐金平, 顾长青 . 电大尺寸复杂结构腔体电磁散射的 IPO/FEM 混合法研究 [J]. 电子与信息学报, 2003, 25（2）：247-253.

[119] 马骥 . 高低频混合算法的研究与应用 [D]. 西安：西安电子科技大学, 2013.

[120] 陈文锋 . 基于电磁场积分方程的快速混合算法的研究 [D]. 西安：西安电子科技大学, 2015.

[121] 吴海峰 . IPO-MOM 混合法分析电大尺寸复杂终端腔体电磁特性 [D]. 南京：南京航空航天大学, 2005.

[122] Anastassiu H T, Volakis J L, Ross D C, et al. Electromagnetic scattering from simple jet engine models [J]. IEEE Transactions on Antennas & Propagation, 1996, 44（3）：420-421.

[123] Chan K K, Wong S K, Riseborough E S. Radar cross section modeling and measurements of inlets and cylinders with skew blades [J]. IEEE Transactions on Antennas & Propagation, 2006, 54（10）：2930-2939.

[124] Lim H, Yoo J H, Kim C H, et al. Radar cross section measurements of a realistic jet engine structure with rotating parts [J]. Journal of Electromagnetic Waves & Applications, 2011, 25（7）：999-1008.

[125] Odendaal J W, Grygier D. RCS measurements and results of an engine-inlet system design optimization

[J]. IEEE Antennas & Propagation Magazine, 2000, 42 (6): 16-23.

[126] 韩东, 郭荣伟, 易海云, 等. 一种直升机进气道电磁散射减缩方案实验研究 [J]. 航空动力学报, 2004, 19 (2): 229-232.

[127] 谢雪明, 郭荣伟. 无隔道进气道 RCS 特性实验研究 [J]. 航空学报, 2006, 27 (2): 193-197.

[128] 石磊, 郭荣伟. 平面埋入式进气道的电磁散射特性 [J]. 航空学报, 2008, 29 (5): 1098-1104.

[129] 余安远, 郭荣伟, 孙姝, 等. 三种不同的进气道与弹体组合体雷达散射截面特性 [J]. 南京航空航天大学学报, 2002, 34 (6): 517-521.

第2章　飞行器后向电磁散射特性数值模拟方法

雷达探测器的原理是通过接收目标雷达回波进而提取回波中包含的目标上的强散射特性之后对其成像和识别。随着电子信息技术的飞速发展，飞行器面临来自雷达探测的威胁日益严峻。如何降低探测器接收的雷达回波强度进而减小目标被发现、识别的概率成为电磁隐身领域的重要研究方向之一。飞行器上的强散射源主要包括座舱/机身/垂尾的镜面反射、进气道/喷管的腔体散射、翼面前后缘的边缘绕射以及垂尾和平尾形成的二面角反射等。航空发动机排气系统作为后向雷达波散射的主要贡献源，在飞行器后向雷达隐身设计中占据重要的地位。

针对航空发动机排气系统这类典型的单端开口腔体的电磁散射特性的研究一直是计算电磁学的重要研究领域。针对该类型问题，国内外学者都进行了大量的研究，提出并完善了多种适用于飞行器/飞行器排气系统的数值模拟方法。在本章中，针对高性能飞行器对排气系统的要求，进行了相关算法的研究，从而为后文研究排气系统的隐身设计与分析奠定基础。

2.1　雷达截面积

雷达目标特性控制的核心思想是降低目标的雷达截面积。雷达截面积（radar cross section，RCS）是定量衡量目标电磁散射强度的物理量，一般用希腊字母 σ 来表示，单位为：m^2。目标的 RCS 直接影响目标的生存能力，其 RCS 的大小决定了探测方雷达的探测、跟踪距离和所能被探测到的概率[1]。

一般情况下，目标的 RCS 随着条件的变化呈现剧烈的震荡趋势，例如，当飞机的姿态角发生变化时，可能会导致飞机的 RCS 产生十倍甚至百倍的变化。因此，在针对目标的电磁散射特性进行分析时，通常采用对数形式来描述 RCS 的变化，即雷达截面积的单位采用分贝平方米（$dB \cdot m^2$ 或 dBsm）。两个不同单位之间的换算关系定义如下

$$\sigma_{dBsm} = \sigma_{dB \cdot m^2} = 10 \lg \sigma_{m^2} \tag{2-1}$$

影响目标 RCS 大小的主要因素为：

（1）目标的几何形状、结构以及目标表面的材料特性等；

（2）入射电磁波的频率以及电磁波形状；

（3）入射电磁场和接收天线的极化方式；

（4）目标相对于入射方向和散射方向的姿态角。

在计算目标雷达散射特性时，如果辐射源与接收机处于同一位置，称为单站散射；当接收机与辐射源位置不一致时，称为双站散射。

2.2　物理光学法

物理光学法是基于 Stratton–Chu 积分方程求解矢量形式的麦克斯韦方程组[2]~[6]，Strattion–Chu 方程组是一种自动满足边界条件和辐射条件的方程，即在无源空间内，电磁场可以用一个封闭面上的积分来表示，S–C 积分方程如下

$$\boldsymbol{E}^{s}_{(r)} = \frac{1}{4\pi} \int_{S} \left[(\vec{n}' \times \boldsymbol{E}^{\mathrm{T}}) \times \nabla' G_0 + i\omega\mu (\vec{n}' \times \boldsymbol{H}^{\mathrm{T}}) G_0 + (\vec{n}' \cdot \boldsymbol{E}^{\mathrm{T}}) \nabla' G_0 \right] \mathrm{d}S' \quad (2\text{-}2)$$

$$\boldsymbol{H}^{s}_{(r)} = \frac{1}{4\pi} \int_{S} \left[(\vec{n}' \times \boldsymbol{H}^{\mathrm{T}}) \times \nabla' G_0 - i\omega\varepsilon (\vec{n}' \times \boldsymbol{E}^{\mathrm{T}}) G_0 + (\vec{n}' \cdot \boldsymbol{H}^{\mathrm{T}}) \nabla' G_0 \right] \mathrm{d}S' \quad (2\text{-}3)$$

式中：$\vec{n}'$——表面任意一点 r' 处单位法向矢量；

　　$\boldsymbol{E}^{\mathrm{T}}$——$r'$ 处电场的总场；

　　$\boldsymbol{H}^{\mathrm{T}}$——$r'$ 处磁场的总场；

　　G_0——自由空间的格林函数；

　　μ——磁导率；

　　ω——角频率；

　　ε——介电常数。

自由空间格林函数的表达式如下

$$G_0 = \frac{\mathrm{e}^{-jk_0 |\,\boldsymbol{r} - \boldsymbol{r}'|}}{|\,\boldsymbol{r} - \boldsymbol{r}'|} \quad (2\text{-}4)$$

当所求解的区域为非封闭区域时，S–C 方程的等效方程为

$$\boldsymbol{E}^{s} = \frac{1}{4\pi} \nabla \times \int_{S} (\vec{n}' \times \boldsymbol{E}^{T}) G_0 \mathrm{d}S' - \frac{1}{4\pi j\omega\varepsilon} \left[\nabla(\nabla \cdot) + k_0^2 \right] \int_{S} (\vec{n}' \times \boldsymbol{H}^{\mathrm{T}}) G_0 \mathrm{d}S' \quad (2\text{-}5)$$

$$\boldsymbol{H}^{s} = \frac{1}{4\pi} \nabla \times \int_{S} (\vec{n}' \times \boldsymbol{H}^{T}) G_0 \mathrm{d}S' + \frac{1}{4\pi j\omega\varepsilon} \left[\nabla(\nabla \cdot) + k_0^2 \right] \int_{S} (\vec{n}' \times \boldsymbol{E}^{\mathrm{T}}) G_0 \mathrm{d}S' \quad (2\text{-}6)$$

式中：k_0——空气传播常数。

该等效方程同样适用于封闭曲面的计算。

在研究纯导体目标的散射时，在导体表面上是满足 $\vec{n}' \times \boldsymbol{E} = 0$ 和 $\vec{n}' \times \boldsymbol{H}^{\mathrm{T}} = 0$，因此式（2-5）和式（2-6）可以简化为

$$\boldsymbol{E}^{S}_{(r)} = \frac{1}{4\pi} \int_{S} \left[i\omega\mu (\vec{n}' \times \boldsymbol{H}^{\mathrm{T}}) G_0 + (\vec{n}' \cdot \boldsymbol{E}^{\mathrm{T}}) \nabla' G_0 \right] \mathrm{d}S' \quad (2\text{-}7)$$

$$\boldsymbol{H}^{S}_{(r)} = \frac{1}{4\pi} \int_{S} \left[(\vec{n}' \times \boldsymbol{H}^{\mathrm{T}}) \times \nabla' G_0 \right] \mathrm{d}S' \quad (2\text{-}8)$$

式（2-7）和式（2-8）左边项为待求的观察点处的散射场，右边项为表面上总场。其中，总场是入射场和散射场的叠加，因此公式右边项中包含了待求的散射场。要完成此积分方程的求解，需要建立在一定的假设条件上使之简化为一个定积分运算。这些假定条件就是物理光学法所需求的前提条件。这些前提条件包括：

（1）所求解的物体表面的曲率半径远远大于入射的电磁波的波长；

（2）所求解的物体表面上只有被入射电磁波直接照射的区域存在感应电流，非照射区

域无感应电流，即感应电流为0；

（3）物体受入射电磁波照射的区域上的感应电流与入射点表面相切的无穷大平面上的感应电流特性相同。

基于上述假设，可以将物体表面分为两个区域：照亮区和阴影区，这两个区域被阴影边界 Γ 分割开，如图2-1所示。

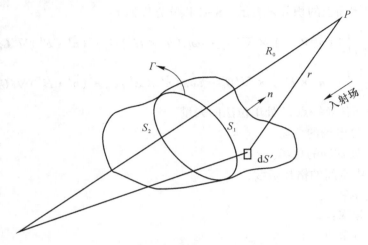

图2-1　照亮区、阴影区及边界线示意图

在阴影边界 Γ 上表征了一种不连续性，这导致在应用格林定理推导积分方程要求的连续条件无法满足。因此，需要在阴影边界 Γ 上附加一个沿 Γ 的线积分项从而满足连续性条件，该线积分表示如下

$$\boldsymbol{E}_{(P)}^{S} = \frac{1}{4\pi} \int_{S_1} \left[i\omega\mu_0 (\vec{n}' \times \boldsymbol{H}^{\mathrm{T}}) G_0 + (\vec{n}' \times \boldsymbol{E}^{\mathrm{T}}) G_0 + (\vec{n}' \cdot \boldsymbol{E}^{\mathrm{T}}) \nabla' G_0 \right] \mathrm{d}S' +$$

$$\frac{1}{4\pi j\omega\varepsilon_0} \oint_{\Gamma} \nabla' G_0 \boldsymbol{H}^{\mathrm{T}} \cdot \mathrm{d}l \tag{2-9}$$

$$H_{(P)}^{S} = \frac{1}{4\pi} \int_{S_1} \left[i\omega\varepsilon_0 (\vec{n}' \times \boldsymbol{E}^{\mathrm{T}}) G_0 - (\vec{n}' \times \boldsymbol{H}^{\mathrm{T}}) \times \nabla' G_0 - (\vec{n}' \cdot \boldsymbol{H}^{\mathrm{T}}) \nabla' G_0 \right] \mathrm{d}S' -$$

$$\frac{1}{4\pi j\omega\mu_0} \oint_{\Gamma} \nabla' G_0 \boldsymbol{E}^{\mathrm{T}} \cdot \mathrm{d}l \tag{2-10}$$

式中：$\boldsymbol{E}^{\mathrm{T}}$、$\boldsymbol{H}^{\mathrm{T}}$ ——照亮区 S_1 上的总场；

　　　$\vec{n}'$ —— S_1 面的单位法向矢量；

　　　$\vec{r}$ ——从 S 面上面元到观察点 p 的矢径；

　　　$\boldsymbol{E}_{(P)}^{S}$、$\boldsymbol{H}_{(P)}^{S}$ ——点 p 处的散射场；

　　　Γ ——所有满足 $\vec{n}' \cdot \vec{k}_0^i = 0$ 的点的轨迹；

　　　μ_0 ——自由空间磁导率。

对于远散射场，即

$$r > \frac{2D^2}{\lambda} \tag{2-11}$$

式中：D——散射体表面第一菲涅尔区的最大尺寸；

　　λ——入射电磁波波长。

由图 2-1 可知，在远场情况下，分母中的 r 可以用 R_0 来近似，且 $\nabla' G_0$ 可以近似为 $-\vec{r} j k_0 G$，则式（2-9）和式（2-10）可以表示为

$$E^s_{(P)} = \frac{i\omega\mu_0 \mathrm{e}^{-ik_0 R_0}}{4\pi k R_0} \int_{S_1} \left[(\vec{n}' \times \boldsymbol{H}^{\mathrm{T}}) - \vec{k}^s_0 \cdot (\vec{n}' \times \boldsymbol{H}^{\mathrm{T}}) \vec{k}^s_0 \right]$$

$$- \sqrt{\frac{\varepsilon_0}{\mu_0}} (\vec{n}' \times \boldsymbol{E}^{\mathrm{T}}) \times \vec{k}^s_0 \right] \mathrm{e}^{-ik_0 \vec{k}^s_0 \cdot \vec{r}} \mathrm{d}S' \tag{2-12}$$

$$H^s_{(P)} = \frac{i\omega\mu_0 \mathrm{e}^{ik_0 R_0}}{4\pi R_0} \int_{S_1} \left[(\vec{n}' \times \boldsymbol{E}^{\mathrm{T}}) - \vec{k}^s_0 \cdot (\vec{n}' \times \boldsymbol{E}^{\mathrm{T}}) \vec{k}^s_0 + \right.$$

$$\left. \sqrt{\frac{\mu_0}{\varepsilon_0}} (\vec{n}' \times \boldsymbol{H}^{\mathrm{T}}) \times \vec{k}^s_0 \right] \mathrm{e}^{-ik_0 \vec{k}^s_0 \cdot \vec{r}} \mathrm{d}S' \tag{2-13}$$

式（2-12）和式（2-13）适用于被入射波照射的目标表面线度大于波长时的远区散射场的求解。

为了使上述积分方程变换为定积分，需要对目标照亮区域的表面电流进行近似处理。在物理光学法假设中，散射体表面的曲率半径远大于入射波波长，因此，可以将此曲面以无穷大切平面近似处理。

当平面电磁波入射到理想纯导体表面时，其反射波也是平面波，且其反射波方向遵循斯涅耳定律，在物理表面处它们的关系如下

$$\vec{n} \times \boldsymbol{E}^{\mathrm{T}} = \vec{n} \times (E^i + E^s) = 0 \tag{2-14}$$

$$\vec{n} \times \boldsymbol{H}^{\mathrm{T}} = 2\vec{n} \times \boldsymbol{H}^i \tag{2-15}$$

利用上述边界条件，式（2-12）和式（2-13）可以写为

$$E^s_{(P)} = \frac{i\omega\mu_0 \mathrm{e}^{ik_0 R_0}}{2\pi R_0} \int_{S_1} \left[\vec{n} \times \boldsymbol{H}^i - \vec{k}^s_0 \cdot (\vec{n} \times \boldsymbol{H}^i) \vec{k}^s_0 \right] \mathrm{e}^{-ik_0 \vec{k}^s_0 \cdot \vec{r}} \mathrm{d}S' \tag{2-16}$$

$$H^s_{(P)} = \frac{-ik_0 \mathrm{e}^{ik_0 R_0}}{2\pi R_0} \int_{S_1} (\vec{n} \times \boldsymbol{H}^i) \times \vec{k}^s_0 \mathrm{e}^{-ik_0 \vec{k}^s_0 \cdot \vec{r}} \mathrm{d}S' \tag{2-17}$$

式（2-16）和式（2-17）适用于远区散射场的求解。式（2-16）和式（2-17）右边项为已知的入射场 $\boldsymbol{H}^i$，等式左边项则为待求解的散射场。

根据散射体几何物理特征的不同，物理光学法的近似应用有多种可能的形式。它们属于下述三种任意组合中的一种方案：

（1）按照接收端或发射端定义照亮区；

（2）三种可能的感应电流的表示方式：

E-H 型：
$$\boldsymbol{J} = \vec{n} \times (\boldsymbol{H}^i + \boldsymbol{H}^s), \ \boldsymbol{M} = (E^i + E^s) \times \vec{n} \tag{2-18}$$

H 型：
$$\boldsymbol{J} = 2\vec{n} \times \boldsymbol{H}^i, \ \boldsymbol{M} = 0 \tag{2-19}$$

E 型：
$$\boldsymbol{J} = 0, \ \boldsymbol{M} = 2(E^i \times \vec{n}) \tag{2-20}$$

（3）物理光学法在求解场量时不满足互易远离，因此在求解时可以将收、发两端互易，两次计算场量取其平均作为最后的解。

2.3 几何光学法

几何光学法（GO）是所有高频方法中最早的一种方法，它是在几何光学原理的基础上发展而来的，是一种快速预估目标电磁散射特性的方法。GO 是基于波长无限小的假设，使用经典的射线管来模拟电磁波在目标表面间传播，它假设射线管内能量的传播路径遵循斯奈尔光学定律，在空气中沿直线传播，同时射线管内的能量满足能量守恒定律，以此来对射线的场强进行追踪，直到射线离开目标表面。只由一个包含镜面反射点处曲率半径的简单公式即可求得其雷达截面积。GO 方法虽然物理意义清晰、计算过程简洁、可以快速求得目标的散射场，但是会在某些情况下存在失效的情况：当目标表面为平面或单曲率表面（如平板和圆柱）时，GO 方法计算的场变为无限大；当目标表面存在棱边、拐角、尖顶等几何上不连续的区域时，GO 方法也无法进行计算。因为当射线管处于焦散区时射线管的横截面积为 0，根据 GO 原理，此时射线管的场为无限大，此时也就无法采用 GO 方法来进行计算[7,8]。

2.4 迭代物理光学法

为了改善物理光学法针对航空发动机排气系统等单端开口腔体计算的适用度，国外的学者提出了多种改进方法。迭代物理光学法就是 Obelleiro F 等人提出的一种改进方法。迭代物理光学法的基本思想可以用下式来表示

$$\boldsymbol{J} = \boldsymbol{J}_0 + \boldsymbol{J}_1 \tag{2-21}$$

式中：$\boldsymbol{J}_0$——物理光学法产生的初始感应电流；

$\boldsymbol{J}_1$——对初始电流的修正项。

对于图 2-2 所示的单端开口腔体，图中所示 Sa 为腔体的开口面，Sc 为腔体理想导体壁面。根据等效原理可知，角频率 ω、电场强度 E^i 的平面波在 Sa 面上产生的电磁流强度为

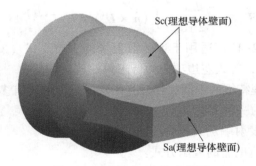

图 2-2 单端开口腔体示意图

$$\boldsymbol{J}_a^i(\vec{r}_a) = \vec{n} \times \boldsymbol{H}_a^i(\vec{r}_a) \,,\; \boldsymbol{M}_a^i(\vec{r}_a) = \boldsymbol{E}_a^i(\vec{r}_a) \times \vec{n} \tag{2-22}$$

式中：$\boldsymbol{J}_a^i(\vec{r}_a)$、$\boldsymbol{M}_a^i(\vec{r}_a)$——口径面上的等效电流和磁流；

$\boldsymbol{E}_a^i(\vec{r}_a)$、$\boldsymbol{H}_a^i(\vec{r}_a)$——入射的电场和磁场；

$\vec{n}$ ——口径面上指向腔体内部的法向单位矢量。

腔体内壁面上的初始电、磁场根据口径面上的等效电、磁场由基尔霍夫（Kirchhoff）公式近似得到

$$E_0(\vec{r_c}) \approx \int_{Sa} M_a^i(\vec{r_a}) \times \nabla G(\vec{r_c} - \vec{r_a}) \mathrm{d}Sa +$$
$$\frac{1}{jkY} \nabla \times \int_{Sa} [J_a^i(\vec{r_a}) \times \nabla G(\vec{r_c} - \vec{r_a})] \mathrm{d}Sa \qquad (2-23)$$

$$H_0(\vec{r_c}) \approx \int_{Sa} J_a^i(\vec{r_a}) \times \nabla G(\vec{r_c} - \vec{r_a}) \mathrm{d}Sa +$$
$$\frac{1}{jkY} \nabla \times \int_{Sa} [M_a^i(\vec{r_a}) \times \nabla G(\vec{r_c} - \vec{r_a})] \mathrm{d}Sa \qquad (2-24)$$

在迭代物理光学法中采用积分的方法求解磁场积分方程。在迭代物理光学法中，PO方法用来给迭代计算提供初始值，而 IPO 方法则用来计算电流的修正值。修正电流的计算公式为

$$J_N(\vec{r_c}) = J_0 + 2\vec{n} \times P.\,V. \int_{Sc} J_{N-1}(\vec{r_c}) \times \nabla G(\vec{r_c} - \vec{r'}_c) \mathrm{d}Sc \qquad (2-25)$$

式中：$P.\,V.$ ——主值积分号；

$\qquad N$ ——迭代次数；

$\qquad \nabla$ ——哈密顿算子；

$\qquad \vec{r}$、$\vec{r'}_c$ ——腔体壁面上不存在遮挡的面元位置矢量。

在 IPO 方法中只有不存在遮挡关系的面元之间才能产生等效感应电流，因此在使用 IPO 方法计算修正电流时，需要考虑壁面面元之间的遮挡关系。

由式（2-25）可以计算得到目标表面的感应电流，根据基尔霍夫近似公式可以得到口径面上的散射场

$$E^s(\vec{r_a}) \approx \frac{1}{jkY} \nabla \times \int_{Sc} J(\vec{r_c}) \times \nabla G(\vec{r_a} - \vec{r_c}) \mathrm{d}Sc \qquad (2-26)$$

$$H^s(\vec{r_a}) \approx \int_{Sc} J(\vec{r_c}) \times \nabla G(\vec{r_a} - \vec{r_c}) \mathrm{d}Sc \qquad (2-27)$$

由式（2-26）和式（2-27）得到口径面上的等效电磁场，利用场等效原理，则口径面上的等效电磁场在远场区产生的散射电场可以通过式（2-28）和式（2-29）求出

$$E_\theta^s(r,\,\theta,\,\varphi) = \frac{jk\mathrm{e}^{-jkr}}{4\pi r} [L_\varphi(\theta,\,\varphi) + ZN_\theta(\theta,\,\varphi)] \qquad (2-28)$$

$$E_\varphi^s(r,\,\theta,\,\varphi) = \frac{jk\mathrm{e}^{-jkr}}{4V\pi r} [L_\theta(\theta,\,\varphi) + ZN_\varphi(\theta,\,\varphi)] \qquad (2-29)$$

式中：

$$L_\theta(\theta,\,\varphi) = \int_{Sa} [M_x\cos\theta\cos\varphi + M_y\cos\theta\sin\varphi - M_z\sin\theta] \mathrm{e}^{jk\vec{r}_1 \cdot \vec{r_a}} \mathrm{d}Sa \qquad (2-30)$$

$$L_\varphi(\theta,\,\varphi) = \int_{Sa} [M_x\sin\varphi + M_y\cos\varphi] \mathrm{e}^{jk\vec{r}_1 \cdot \vec{r_a}} \mathrm{d}Sa \qquad (2-31)$$

$$N_\theta(\theta,\,\varphi) = \int_{Sa} [J_x\cos\theta\cos\varphi + J_y\cos\theta\sin\varphi - J_z\sin\theta] \mathrm{e}^{jk\vec{r}_1 \cdot \vec{r_a}} \mathrm{d}Sa \qquad (2-32)$$

$$N_\varphi(\theta,\ \varphi) = \int_{Sa} [J_x \sin\varphi + J_y \cos\varphi] e^{jk\vec{r}_1 \cdot \vec{r}_a} dSa \tag{2-33}$$

综上所述，采用迭代物理光学法计算单端开口类型腔体的电磁散射问题的一般步骤如下：

（1）根据等效原理求得腔体口径面上的等效电磁流；

（2）由基尔霍夫近似公式得到腔体内壁面上的初始电磁场；

（3）判断腔体壁面面元之间相互的遮挡关系；

（4）对磁场积分方程进行多次迭代求得腔体内壁面上真实电流分布；

（5）由腔体内壁面上的真实电流求出腔体口径面上的近区散射场；

（6）根据口径面上的近区散射场求出远区散射场，并计算出腔体的远场RCS。

IPO方法通过迭代计算这一方式考虑了电磁波在腔体中的多次散射对远场RCS的影响；与其他高频近似方法相比，IPO方法只需用较少的壁面网格数目就可以满足计算的精度要求[9~13]。

为了进一步加快IPO方法的计算速度，本书借鉴了Obelleiro F等人提出的计算腔体的PPO方法的思想。PPO方法与IPO方法类似，也是一种迭代方法，但是在PPO方法中，只需要进行一次迭代。PPO方法的迭代思路如下：首先通过PO方法获得腔体壁面的初始电流，当需要计算某一个位置的电流时，首先考虑前向传播对于面元电流的影响，壁面面元之间的前后关系通过简单的几何关系判定，判定两个面元之间前后关系的准则是面元距离腔体底端面的距离大小。在前向传播计算完成之后，依次进行后向传播的迭代计算。在IPO的迭代计算中，考虑前后向面元之间的相互影响，并在此基础上加入松弛因子以加速计算收敛。

2.5 弹跳射线法

当散射目标的几何结构比较复杂时，电磁波会在目标的各部分之间产生多次反射，这是在计算目标电磁散射特性时经常会碰到的一个问题。弹跳射线法就是为了解决这个问题，该方法是用一根根密集的射线管来模拟电磁波在目标各部分之间的多次反射，当射线离开目标表面时计算其对散射场的贡献，最后将所有射线管对散射场的贡献累加即可得到目标的散射场。因此，弹跳射线法是一种将几何光学法和物理光学法相结合的方法，它不仅考虑了电磁波在目标各部分之间的多次反射，而且不会出现像几何光学法那样在部分区域失效的问题。当在目标表面只发生一次反射时，弹跳射线法就退化为物理光学法。该方法首先用几何光学射线来模拟入射电磁波在物体表面的多次反射，并追踪射线在传播过程中的场强和相位变化，最后当射线离开物体时利用物理光学求解散射场，从而解决了物理光学法没有考虑电磁波在目标表面多次反射的问题[14~19]。

2.5.1 离散射线

在使用弹跳射线法计算目标的电磁散射特性时，需要首先离散入射的电磁波，目前常用的离散方式主要包括等效发射窗法和目标表面离散法。

（1）等效发射窗法

这种方法是要建立一个垂直于入射方向的等效发射窗，该等效发射窗在入射方向上的投影要包围散射目标。首先，要将等效发射窗划分为密度均匀的射线阵列，然后，每个射线阵列沿着入射方向向目标发射一根射线管，然后追踪这些射线管。为了达到理想的精度，通常情况下我们要求射线管截面的尺寸不超过 1/10 波长。这种射线离散的方法因为忽略了目标的几何特征，因此当射线与目标相交在不连续的区域时就会导致射线管发散，所以等效发射窗法一般用于计算腔体问题。

（2）目标表面离散法

这种方法是直接在目标表面进行射线管的离散，具体是将目标表面的剖分面元看作是一系列入射的射线管，因此，不再需要计算射线与目标表面第一次相交的交点，而直接根据入射方向和目标表面三角形面元的法向量就可以求得反射射线的传播方向。

2.5.2　射线路径追踪

为了模拟电磁波在目标表面上的多次弹跳，弹跳射线法用一系列紧密相连的几何光学射线管来代替入射电磁波，射线管在弹跳的过程中遵循几何光学原理，在各向同性的均匀介质中沿直线传播，在目标表面处会发生反射现象，所以，需要追踪每根射线管的路径，根据最后一次与目标相交时的场强和位置，通过远场积分公式求出每根射线对远场的贡献，从而得到总的散射场，所以对射线进行路径追踪的过程至关重要。在对射线管进行追踪时，为了计算方便，用射线中心的传播路径代表整根射线管的传播路径，在使用目标表面离散法时，射线管的中心点即为目标表面三角形面元的中心点。

假设射线的起点为 $\overline{r_0}(x_0,\ y_0,\ z_0)$，射线传播的方向矢量为 $\bar{s}(s_x,\ s_y,\ s_z)$，则射线路径上的每一点均满足如下关系式

$$\bar{r}(x,\ y,\ z) = \overline{r_0}(x_0,\ y_0,\ z_0) + \bar{s}(x,\ y,\ z)t \tag{2-34}$$

通过将式（2-34）与目标表面面元所在平面的方程联立可求出射线与目标表面的交点。根据交点处的单位法向量，由入射射线的方向可以得到反射射线的方向；然后将反射射线作为新的入射射线，继续对其路径进行追踪，直到射线不再与目标相交。

（1）射线与目标相交

对于如图 2-3 所示的三角形面元，其所在的平面可以表示为

$$\begin{cases} (\bar{r} - \overline{r_3}) \cdot \bar{n} = 0 \\ \bar{n} = (\overline{r_1} - \overline{r_2}) \times (\overline{r_2} - \overline{r_3}) \end{cases} \tag{2-35}$$

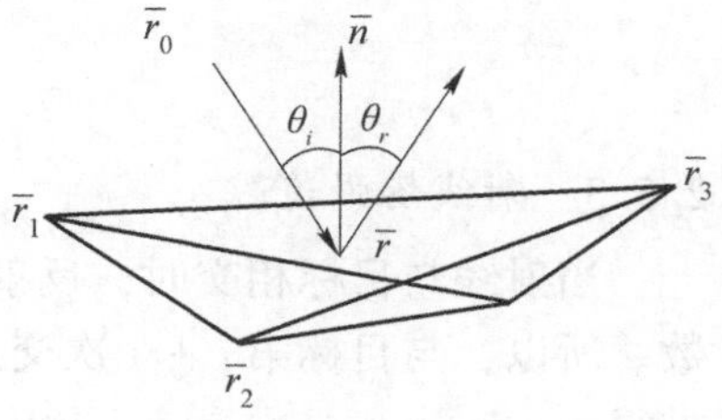

式中：$\overline{r_1}(x_1,\ y_1,\ z_1)$、$\overline{r_2}(x_2,\ y_2,\ z_2)$、$\overline{r_3}(x_3,\ y_3,\ z_3)$——三角形面元的三个顶点位置；

$\bar{n}$——三角形面元所在平面的法向矢量；

$\bar{r}$——该三角形面元所在平面上任意一点的位置矢量。

式（2-34）和式（2-35）联立可得

$$t = \frac{(\overline{r_0} - \overline{r_3}) \cdot \bar{n}}{\bar{s} \cdot \bar{n}} \tag{2-36}$$

射线与三角形面元的交点为

$$\bar{r} = \overline{r_0} + \frac{(\overline{r_3} - \overline{r_0}) \cdot \bar{n}}{\bar{s} \cdot \bar{n}} \cdot \bar{s} \tag{2-37}$$

射线追踪是整个弹跳射线法中最为耗时的部分，因此缩减该部分的计算耗时能够直接提升该方法的计算效率。

图 2-3　三角形面元

（2）遮挡判断

当入射射线射到目标表面时，只有部分区域会被入射波照亮，有的区域则处于阴影区，而只有被照亮的区域才存在感应电流，所以，此时需对目标上的三角形面元进行遮挡判别。

设入射电磁波的方向为 $\bar{k}$，目标面元的法向量为 $\bar{n}$，且指向物体外侧，对于如图 2-4 所示的面元而言，其照射关系的判断准则为

$$\begin{cases} \overline{k_i} \cdot \bar{n} < 0 & \text{照亮区} \\ \overline{k_i} \cdot \bar{n} > 0 & \text{阴影区} \end{cases} \tag{2-38}$$

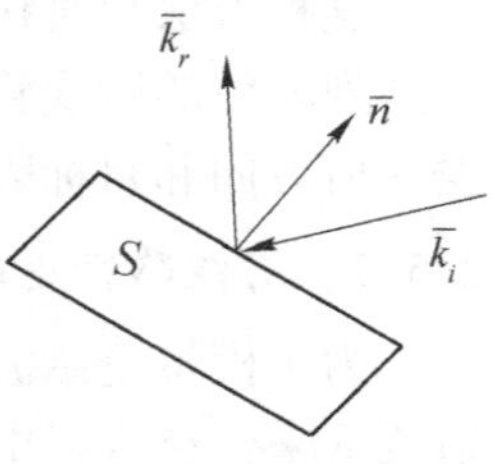

图 2-4　面元示例

对于形状复杂的目标，往往采用多重遮挡判断准则以避免简单遮挡判断带来的错误。对于图 2-5 所示的复杂结构而言，使用单遮挡判断的准则是面元处于照亮区，但实际上面元处于阴影区。从面元的中心点处沿着入射射线的反方向发射一条测试射线，如果测试射线没有与目标表面相交则表明该三角形面元处于照亮区，否则该面元处于阴影区。同样，这其中也存在射线求交的环节，所以为了减少遮挡识别的时间，可以使用八叉树算法来加速。

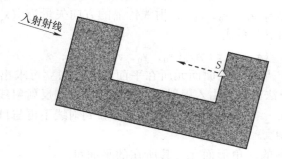

图 2-5　复杂结构

2.5.3　射线场强追踪

当射线与目标相交时，反射射线的场强取决于入射射线的场强和目标表面的反射系数。所以，与目标第 $i+1$ 次交点 $\bar{r}_{i+1}$ 处的场强可以通过射线与目标第 i 次交点 $\bar{r}_i$ 处的场强求得

$$E(\bar{r}_{i+1}) = (\mathrm{DF})_i (\overline{\overline{\varGamma}})_i E(\bar{r}_i) e^{-jkd} \tag{2-39}$$

式中：$d = |\bar{r}_{i+1} - \bar{r}_i|$ ——射线从第 i 次交点 $\bar{r}_i$ 到第 $i+1$ 次交点所传播的距离；

$\quad e^{-jkd}$ ——传播过程引起的相位变化；

$\quad (\overline{\overline{\varGamma}})_i$ ——$\bar{r}_i$ 处的反射矩阵；

$\quad (\mathrm{DF})_i$ ——射线在 $\bar{r}_i$ 处的散度因子；

$\quad E(\bar{r}_i)$ ——$\bar{r}_i$ 处的入射电场。

由几何光学原理可知，垂直和平行于入射面（由入射光线与入射点处的法线所构成的平面称为入射面）的电场反射系数是不一样的。因此，需要将入射电场分解为垂直入射面的分量 $\bar{E}_{\perp}$ 和平行入射面的分量 $\bar{E}_{\parallel}$。

$$\overline{E}_{\perp} = (\overline{E} \cdot \hat{m})\,\hat{m}\,,\ \overline{E}_{\parallel} = \overline{E} - \overline{E}_{\perp} \tag{2-40}$$

式中：$\hat{m} = \dfrac{(\hat{n} \cdot \hat{i})}{|\hat{n} \cdot \hat{i}|}$ ；

　　　$\hat{i}$ ——电磁波的入射方向；

　　　$\hat{n}$ ——交点处的法向单位矢量。

反射电场可表示为

$$\begin{pmatrix} E^r_{\parallel} \\ E^r_{\perp} \end{pmatrix} = \begin{pmatrix} \Gamma_{\parallel} & 0 \\ 0 & \Gamma_{\perp} \end{pmatrix} \begin{pmatrix} E^i_{\parallel} \\ E^i_{\perp} \end{pmatrix} \tag{2-41}$$

当目标为理想导体时，$\Gamma_{\parallel} = 1$，$\Gamma_{\perp} = -1$。

当目标表面为曲面时，射线在表面发生反射时会产生发散或聚拢的现象，从而导致弹跳射线法在计算含有曲面的目标时，反射射线的场强误差较大，影响弹跳射线法的精度。为了解决这个问题，我们在曲面表面引入了散度因子来对反射射线的场强进行修正，下面重点介绍散度因子的求解过程。

设三个基向量坐标系为

入射波前：$\begin{cases} \hat{z}^i = \hat{k}_i \\ \hat{x}^i_1 = \hat{m} \\ \hat{x}^i_2 = \hat{z}^i \times \hat{x}^i_1 \end{cases}$

反射波前：$\begin{cases} \hat{z}^r = \hat{k}_s \\ \hat{x}^r_1 = \hat{m} \\ \hat{x}^r_2 = \hat{z}^r \times \hat{x}^r_1 \end{cases}$

目标表面：$\begin{cases} \hat{N}^{\Sigma} = \hat{n} \\ \hat{x}_1 = \hat{r}_{\xi 1} \\ \hat{x}_2 = \hat{n} \times \hat{x}_1 \end{cases}$

坐标系中的各向量如图 2-6 所示，其中 $\vec{r}_{\xi 1}$ 是曲面三角形面元关于 ξ_1 的偏导数。在 r_1 处的入射平面波曲率矩阵 $\overline{\overline{Q^i}}$ 为

$$\overline{Q}^i(i = 1) = \begin{bmatrix} 0 & 0 \\ 0 & 0 \end{bmatrix} \tag{2-42}$$

曲面的曲率矩阵为

$$\overline{Q}^{\Sigma} = \overline{\overline{V}}^{-1} \begin{bmatrix} \tilde{Q}^{\Sigma}_{11} & \tilde{Q}^{\Sigma}_{12} \\ \tilde{Q}^{\Sigma}_{21} & \tilde{Q}^{\Sigma}_{22} \end{bmatrix} \overline{\overline{V}} \tag{2-43}$$

其中

$$\overline{\overline{V}} = \begin{bmatrix} \vec{r}_{\xi 1} \cdot \hat{x}_1 & \vec{r}_{\xi 1} \cdot \hat{x}_2 \\ \vec{r}_{\xi 2} \cdot \hat{x}_1 & \vec{r}_{\xi 2} \cdot \hat{x}_2 \end{bmatrix} \tag{2-44}$$

$$\tilde{Q}^{\Sigma}_{11} = \frac{eG - fF}{EG - F^2}, \qquad \tilde{Q}^V \Sigma_{12} = \frac{fE - eF}{EG - F^2} \tag{2-45}$$

$$\tilde{Q}_{21}^{\Sigma} = \frac{fG - gF}{EG - F^2}, \qquad \tilde{Q}_{22}^{\Sigma} = \frac{gE - fF}{EG - F^2} \tag{2-46}$$

$$E = \vec{r}_{\xi1} \cdot \vec{r}_{\xi1}, \quad F = \vec{r}_{\xi1} \cdot \vec{r}_{\xi2}, \quad G = \vec{r}_{\xi2} \cdot \vec{r}_{\xi2} \tag{2-47}$$

$$e = \frac{\vec{r}_{\xi1\xi1} \cdot (\vec{r}_{\xi1} \times \vec{r}_{\xi2})}{\sqrt{EG - F^2}}, \quad f = \frac{\vec{r}_{\xi1\xi2} \cdot (\vec{r}_{\xi1} \times \vec{r}_{\xi2})}{\sqrt{EG - F^2}}, \quad g = \frac{\vec{r}_{\xi2\xi2} \cdot (\vec{r}_{\xi1} \times \vec{r}_{\xi2})}{\sqrt{EG - F^2}} \tag{2-48}$$

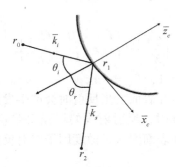

图 2-6　坐标系中的各向量

根据相位匹配条件方程可以求出反射波前的曲率矩阵 $\overline{\overline{Q^r}}$。

$$(\overline{\overline{P^i}})^T \overline{\overline{Q^i}} \ \overline{\overline{P^i}} + 2p_{33}^i \overline{\overline{Q^{\Sigma}}} = (\overline{\overline{P^r}})^T \overline{\overline{Q^r}} \ \overline{\overline{P^r}} \tag{2-49}$$

式中：$\overline{\overline{P^i}} = \begin{bmatrix} \hat{x}_1^{i,\,r} \cdot \hat{x}_1 & \hat{x}_1^{i,\,r} \cdot \hat{x}_2 \\ \hat{x}_2^{i,\,r} \cdot \hat{x}_1 & \hat{x}_2^{i,\,r} \cdot \hat{x}_2 \end{bmatrix}$，$\overline{\overline{P^r}} = \begin{bmatrix} \hat{x}_1^r \cdot \hat{x}_1 & \hat{x}_1^r \cdot \hat{x}_2 \\ \hat{x}_2^r \cdot \hat{x}_1 & \hat{x}_2^r \cdot \hat{x}_2 \end{bmatrix}$，$p_{33}^i = \hat{z}^i \cdot \hat{n}$。

反射波前的主曲率半径 $(R_1^r,\ R_2^r)$ 为

$$\frac{1}{R_1^r} = \frac{1}{2}\left\{ (Q_{11}^r + Q_{22}^r) \pm \sqrt{(Q_{11}^r + Q_{22}^r)^2 - 4(Q_{11}^r Q_{22}^r - Q_{12}^r Q_{21}^r)} \right\} \tag{2-50}$$

Q_{mn}^r 表示反射曲率矩阵中第 m 行第 n 列的元素，最后由 r_1 到 r_2 的散度因子为

$$DF = \frac{1}{\sqrt{1 + \left(\dfrac{d_{12}}{R_1^r}\right)}\sqrt{1 + \left(\dfrac{d_{12}}{R_2^r}\right)}} \tag{2-51}$$

式中：d_{12} 表示 r_1 到 r_2 的距离，因此 r_2 处的入射平面波曲率矩阵为

$$\overline{\overline{Q^i}}(i = 2) = \left\{ \left[\overline{\overline{Q^r}}(i = 1) \right]^{-1} + d_{12}\overline{\overline{I}} \right\}^{-1} \tag{2-52}$$

式中：$\overline{\overline{I}}$ 为一个 2×2 的单位矩阵。

2.5.4　远场积分

根据弹跳射线法，可得目标的总散射场为

$$\boldsymbol{E}_s(\vec{r},\ \omega) = \frac{j\omega Z_0 \mathrm{e}^{\frac{-jr\omega}{c}}}{4\pi rc}\hat{s} \times \int_s \left(\hat{s} \times \hat{n} \times \boldsymbol{H}(\vec{r},\ \omega) + \frac{1}{Z_0}\boldsymbol{E}(\vec{r},\ \omega) \times \hat{n} \right) \mathrm{e}^{\frac{j(\hat{s}\cdot\vec{r})\omega}{c}}\mathrm{d}s \tag{2-53}$$

式中：$\boldsymbol{E}(\vec{r},\ \omega)$ 和 $\boldsymbol{H}(\vec{r},\ \omega)$ 分别为目标表面处的总电场和总磁场。

2.6　矩量法及其加速算法

2.6.1　矩量法基本原理

对于电磁散射问题，可以用如下的算子方程来描述积分方程

$$L \cdot f = g \qquad (2-54)$$

式中：L——线性算子；

　　　f——未知函数；

　　　g——已知函数或激励函数。

算子 L 的值域为算子在其定义域上运算得到的函数 g 的集合。算子方程的主要求解方法是将 f 在 L 的定义域内展开成 $\{f_1, f_2, \cdots, f_n\}$ 的线性组合并表示成如下形式

$$f \approx \sum_{n=1}^{N} a_n f_n \qquad (2-55)$$

式中：a_n——展开系数；

　　　f_n——基函数；

　　　N——未知量的个数。

当 $N \to \infty$ 时，则上述方程的解是理论上的精确解。但是在解决实际问题时，N 的个数通常是有限的，因此方程的右边项是 f 的近似解。将式（2-55）带入式（2-54），结合算子 L 自身的线性性质，可以推导出

$$\sum_{n=1}^{N} a_n L \cdot f_n \approx g \qquad (2-56)$$

在求解系数 a_n 时需要选取一组测试基函数 $\{w_1, w_2, \cdots, w_n\}$。测试基函数中的每个基函数都与式（2-39）做内积计算，得到如下方程组

$$\sum_{n=1}^{N} a_n [W_m, L \cdot f_n] = [W_m, g] \qquad m = 1, 2, \cdots, N \qquad (2-57)$$

式（2-40）可以写成如下的矩阵形式

$$[Z]\{a\} = \{g\} \qquad (2-58)$$

通过求解矩阵方程，可以得到未知函数 f 的展开系数 a_n，进而得到算子方程的近似解。

2.6.2　积分方程的离散

利用矩量法求解电场积分方程、磁场积分方程以及混合积分方程时，需要根据实际求解的问题，选择合理的基函数。其中，由 Rao S W 等提出的 RWG（Rao-Wilton-Glisson）基函数最为常用。该基函数采用三角形面元，对目标表面的几何特征具有良好的实用性。

RWG 基函数是一种分域基，其构造是建立在如图 2-7 所示的两个共边的三角形之上，这两个共边三角形是 RWG 基函数的基本面元形式。这两个相邻的共边三角形分别为 T_n^+、T_n^-，l_n 为公共边的长度，A_n^+、A_n^- 分别为对应三角形的面积，$\vec{\rho}_n^+$、$\vec{\rho}_n^-$ 分别为对应三角形顶点指向该三角形上的场点矢量。表面感应电流则定义在 RWG 基函数的基本面元上，以电流对的形式存在。第 n 条公共边上对应的基函数的定义如下

$$f_n(\vec{r}) = \begin{cases} \dfrac{l}{2A_n^+}\vec{\rho}_n^+ & \boldsymbol{r} \in T_n^+ \\[2mm] \dfrac{l_n}{2A_n^-}\vec{\rho}_n^- & \boldsymbol{r} \in T_n^- \\[2mm] 0 & \text{其他} \end{cases} \qquad n = 1,\ 2,\ \cdots \tag{2-59}$$

式中：$\vec{r}$ 为由原点到任一点的位置矢量。

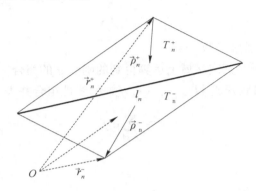

图 2-7　两个共边的三角形

RWG 基函数具有两个十分重要的特性：

（1）RWG 基函数满足棱边法向分量连续，进而保证了电流在横跨公共边时的连续。

（2）RWG 基函数的两个三角形基函数的散度大小相等、符号相反，进而保证了与基函数对应的电荷总和为 0。

2.6.3　基于格林函数展开的快速算法

基于格林函数展开的快速矩量法主要有两种方法：快速多极子方法（fast multipole method，FMM）和多层快速多极子方法（multilevel fast multipole method，MLFMM）[20~24]。美国伊利诺伊大学的 Chew W C 研究小组在求解三维电磁散射问题时，在 FMM 的基础上利用差值技术提出 MLFMM。FMM 和 MLFMM 的本质是利用远场区格林函数的加法定理展开，将目标基函数之间的相互作用分为近场区域和远场区域，并采用不同的措施处理两个区域内的函数之间的相互作用。在近场区域中仍然采用矩量法进行直接计算，并显式存储；远场区域基函数之间的作用则采用"聚合—转移—配置"的方式来处理。采用该方式处理后，远场区域基函数之间的相互作用矩阵不需要显式存储，从而将矩量法的计算复杂度由 $O(N^2)$ 下降到 $O(N^{1.5})$ 和 $O(N\lg N)$。

对于电大尺寸目标的散射问题，未知量的数目巨大，即使采用快速多级子方法处理也会产生相当数目的非空组。虽然聚合和配置的过程能够有效地进行，但是会增加快速多极子方法中的转移过程计算量。多层快速多极子方法就是针对该问题提出的。MLFMM 方法是基于树形结构的计算，其特点是逐层聚合、逐层转移、逐层配置、嵌套递推。对于二维情况，它将求解区域用一正方形包围，然后再细分为 4 个正方形，该层记为第一层。将每个子正方形再细分为 4 个更小的子正方形，则得到第二层，此时共有 4^2 个正方形。以此类推可以得到更多层。对于三维目标，则用一正方体包围目标，并记该层为第 0 层。经过一次细分后得到的 8 个子正方体记为第 1 层。以此类推细分直到子正方体的边长达到 0.2λ。对于二维、三维的情况，第 i 层正方形或正方体的数目分别为 4^i 或 8^i。

假设 MLFMM 的分层总数为 l。从最高层 l 直至第 $l_{\min}$ 层上，设原点 $\vec{r}'$ 所在的分组编号分别为 α'_l，α'_{l-1}，$\cdots$，α'_2，各层分组中心位置分别为 $\vec{r}^c_{\alpha'_l}$，$\vec{r}^c_{\alpha'_{l-1}}$，$\cdots$，$\vec{r}^c_{\alpha'_2}$；设场点 $\vec{r}$ 所在的分组编号分别为 α_l，α_{l-1}，$\cdots$，α_2，各层分组中心位置分别为 $\vec{r}^c_{\alpha_l}$，$\vec{r}^c_{\alpha_{l-1}}$，$\cdots$，$\vec{r}^c_{\alpha_2}$，则场点与原点之间的距离矢量为

$$\vec{r} - \vec{r}' = (\vec{r} - \vec{r}^c_{\alpha_l}) + (\vec{r}^c_{\alpha_l} - \vec{r}^c_{\alpha_{l-1}}) + \cdots + (\vec{r}^c_2 - \vec{r}^c_{\alpha'_2}) + \cdots + (\vec{r}^c_{\alpha'_{l-1}} - \vec{r}^c_{\alpha'_l}) + (\vec{r}^c_{\alpha'_l} - \vec{r}') =$$
$$\vec{R}_{\alpha\alpha_l} + \vec{R}_{\alpha_l\alpha_{l-1}} + \cdots + \vec{R}_{\alpha_2\alpha'_2} + \cdots + \vec{R}_{\alpha'_{l-1}\alpha'_l} + \vec{R}_{\alpha'_{l-1}\alpha'} \tag{2-60}$$

根据加法定理，如果 $|\vec{R}_{\alpha_2\alpha'_2}| \geqslant |\vec{R}_{\alpha\alpha_l} + \vec{R}_{\alpha_l\alpha_{l-1}} + \cdots + \vec{R}_{\alpha_2\alpha'_2} + \cdots + \vec{R}_{\alpha'_{l-1}\alpha'_l} + \vec{R}_{\alpha'_{l-1}\alpha'}|$，则

$$\frac{\mathrm{e}^{-jk_bR}}{4\pi R} = \int_S \mathrm{e}^{-jk_b\hat{k}\cdot(\vec{R}_{\alpha\alpha}+\vec{R}_{\alpha_l\alpha_{l-1}}+\cdots+\vec{R}_{3\alpha_2})} T_{M_2}(k_bR_{\alpha_2\alpha'_2};\ \hat{k}\cdot\hat{R}_{\alpha_2\alpha'_2}) \mathrm{e}^{jk_b\hat{k}\cdot(\vec{R}_{\alpha'_2\alpha'_3}+\cdots+\vec{R}_{\alpha'_{l-1}\alpha'_l}+\vec{R}_{\alpha'_l\alpha'})} \mathrm{d}^2\hat{k}$$
$$\tag{2-61}$$

上式中第 2 层分组 α'_2 和 α_2 之间的转移因子为

$$T_{M_2}(k_bR_{\alpha_2\alpha'_2};\ \hat{k}\cdot\hat{R}_{\alpha_2\alpha'_2}) = -\frac{jk_b}{16\pi}\sum_{v=0}^{M}(-j)^v(2v+1)h_v^{(2)}(k_bR_{\alpha_2\alpha'_2})P_v(\hat{k}\cdot\hat{R}_{\alpha_2\alpha'_2}) \tag{2-62}$$

MLFMM 的阻抗元素矩阵为

$$Z^{\Omega\Omega'}(m,\ n) = \int_S \boldsymbol{F}^{\Omega,\ -}_{\alpha,\ m}(\hat{\boldsymbol{k}}) \cdot \mathrm{e}^{-jk_b\hat{\boldsymbol{k}}\cdot(\boldsymbol{R}_{\alpha\alpha_l}+\boldsymbol{R}_{\alpha_l\alpha_{l-1}}+\cdots+\boldsymbol{R}_{3\alpha_2})} T_{M_2}(k_bR_{\alpha_2\alpha'_2};\ \hat{\boldsymbol{k}}\cdot\hat{\boldsymbol{R}}_{\alpha_2\alpha'_2})$$
$$\mathrm{e}^{jk_b\hat{\boldsymbol{k}}\cdot(\boldsymbol{R}_{\alpha'_2\alpha'_3}+\cdots+\boldsymbol{R}_{\alpha'_{l-1}\alpha'_l}+\boldsymbol{R}_{\alpha'_l\alpha'})} \cdot \boldsymbol{F}^{\Omega,\ +}_{\alpha,\ m}(\hat{\boldsymbol{k}})\mathrm{d}^2\hat{\boldsymbol{k}} \qquad \Omega/\Omega' = \{S,\ V\}$$
$$\tag{2-63}$$

式中：$\boldsymbol{F}^{\Omega,\ +}_{\alpha,\ m}(\hat{\boldsymbol{k}})$ 和 $\boldsymbol{F}^{\Omega,\ -}_{\alpha,\ m}(\hat{\boldsymbol{k}})$ 分别表示最高层的聚合因子和配置因子。当式（2-63）定义在第 2 层时其谱域积分点数非常大，直接计算矩阵与向量相乘将导致较高的计算复杂度和内存复杂度。为提高计算效率，MLFMM 的逐层向上聚合和逐层向下配置的过程通常采用插值和反插值技术。

2.7　等效电磁流法

一般认为，腔体内部的自身散射集中了雷达回波信号主要的能量，实验测量结果也表明腔体内部能够在很宽的观测范围内产生较强的回波信号。通常大多数文献研究集中于腔体内部的散射，而忽略了腔体出口边缘的影响。在较小的观察角度范围（与喷管轴线的夹角）内，绕射场相对内部的散射场而言是可以忽略不计的，但随着观测角度的增大，绕射场的作用会越来越明显。因此对于完整分析发动机排气系统的雷达截面积，考虑喷管出口边缘绕射场的贡献也是必要的。迭代物理光学法只能计算腔体内部散射场，不能计算由腔体口径边缘引起的绕射场。因此，可采用等效边缘电磁流法（EEC）计算喷管出口边缘引起的绕射场[25]。

等效边缘电磁流法是基于任何有限电磁流分布的远区绕射场，可通过对其进行积分求和，并可获得一个有限的结果。等效边缘电磁流积分可以求得非 Keller 锥方向上的绕射场。用等效边缘电磁流求解边缘绕射场时的远场积分形式为

$$E^d = -jkG\int_l [Z\vec{I_e}\vec{s} \times (\vec{s} \times \vec{t}) + I_m(\vec{s} \times \vec{t})]e^{-j k\vec{r}\cdot\vec{s}}dl \qquad (2-64)$$

式中：G——远场格林函数；

  l——边缘回路路程；

  $\vec{t}$——沿边缘回路方向的单位矢量；

  $\vec{s}$——绕射射线传播方向的单位矢量；

  $\vec{r}$——边缘单元的位置矢量。

考虑由相交于边缘单元的两个窄表面带，求出这两个带上的感应电流的远场贡献，并将此贡献与尖劈典型解联系起来，于是可得到等效边缘电流 I_e 和磁流 I_m 的表达式

$$I_e = \frac{j2(\vec{t}\cdot E)D_e}{kZ\sin^2\beta_i} + \frac{j2(\vec{t}\cdot H)D_{em}}{kZ\sin\beta_i} \qquad (2-65)$$

$$I_m = -\frac{j2(\vec{t}\cdot H_i)D_m}{kZ\sin\beta_i\sin\beta_s} \qquad (2-66)$$

式中：绕射系数 D_e、D_m 和 D_{em} 分别为

$$D_e = \frac{\frac{1}{N}\sin\frac{\varphi_i}{N}}{\cos\frac{\pi-\alpha_1}{N}-\cos\frac{\varphi_i}{N}} + \frac{\frac{1}{N}\sin\frac{\varphi_i}{N}}{\cos\frac{\pi-\alpha_2}{N}+\cos\frac{\varphi_i}{N}} \qquad (2-67)$$

$$D_m = \frac{\sin\varphi_s}{\sin\alpha_1}\cdot\frac{\frac{1}{N}\sin\frac{\pi-\alpha_1}{N}}{\cos\frac{\pi-\alpha_1}{N}-\cos\frac{\varphi_i}{N}} + \frac{\sin(N\pi-\varphi_s)}{\sin\alpha_2}\cdot\frac{\frac{1}{N}\sin\frac{\pi-\alpha_2}{N}}{\cos\frac{\pi-\alpha_2}{N}+\cos\frac{\varphi_i}{N}} \qquad (2-68)$$

$$D_{em} = \frac{Q}{\sin\beta_i}\left[\frac{\cos\varphi_s}{\cos\alpha_1}\cdot\frac{\frac{1}{N}\sin\frac{\pi-\alpha_1}{N}}{\cos\frac{\pi-\alpha_1}{N}-\cos\frac{\varphi_i}{N}} + \frac{\cos(N\pi-\varphi_s)}{\sin\alpha_2}\cdot\frac{\frac{1}{N}\sin\frac{\pi-\alpha_2}{N}}{\cos\frac{\pi-\alpha_2}{N}+\cos\frac{\varphi_i}{N}}\right]$$

$$\qquad (2-69)$$

其中

$$Q = 2\frac{1+\cos\beta_i\cos\beta_s}{\cos\beta_i\cos\beta_s}\sin\frac{1}{2}(\beta_s+\beta_i)\sin\frac{1}{2}(\beta_s-\beta_i) \qquad (2-70)$$

$$\sin\alpha_1 = \frac{[\sin^2\beta_i-\sin^2\beta_s\cos^2\varphi_s]^{1/2}}{\sin\beta_i} \qquad (2-71)$$

$$\sin\alpha_2 = \frac{[\sin^2\beta_i-\sin^2\beta_s\cos^2(N\pi-\varphi_s)]^{1/2}}{\sin\beta_i} \qquad (2-72)$$

I_e 和 I_m 是由入射电场 E^i 和入射磁场 H^i 共同激励的。上式中物理量的几何关系如图 2-8 所示，图中虚线为入射波和绕射波方向在 x—y 面上的投影。

求得等效电磁流 I_e 和 I_m 后，代入式（2-64）中，则可求得绕射场 E^d。需要指出的是，等效电磁流法在两个方面推广了 Keller 的几何绕射理论：一是边缘绕射场在焦散方向

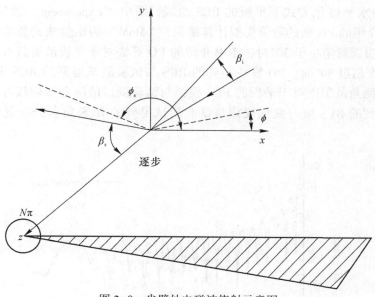

图 2-8　尖劈处电磁波绕射示意图

上保持有限，虽然焦散问题也可用其他方法来校正，但等效电磁流法给出了一个统一的求解方法；二是散射方向不再局限于 Keller 锥的某条母线方向，这是等效电磁流法对几何绕射理论的重要推广。

2.8　算法验证

2.8.1　PO 方法验证

（1）平板验证

选择参考文献［1］中的平板模型验证本书介绍的 PO 算法以及 MoM 的计算精度。平板为正方形，边长为 30cm，计算频率为 9.375GHz，入射方向为 $\theta = 0° \sim 90°$，计算角度间隔为 1°，平板模型如图 2-9 所示。其中，PO 方法网格数目为 17782 个，MoM 方法网格数目为 40476 个。

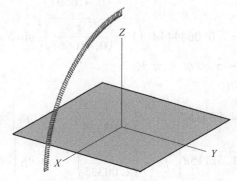

图 2-9　平板模型及入射角度示意图

图 2-10 为水平极化方式下平板的 RCS 曲线，图中"Experiment"为试验测试结果，"PO"为本书介绍的 PO 法的数值模拟计算结果，"MoM"为矩量法的数值模拟结果。由图 2-5 可知，当探测角小于 30°时，本书介绍的 PO 算法对于平板散射具有较好的模拟精度；当入射角度超过 30°时，PO 算法得到的 RCS 与试验测试得到的 RCS 之间的差变大。MoM 在全部探测角范围内对于平板的 RCS 模拟与试验测试值吻合得均较好；在大探测角度下，MoM 得到的 RCS 角向变化规律与试验测试得到的 RCS 角向分布规律存在一定的差异。

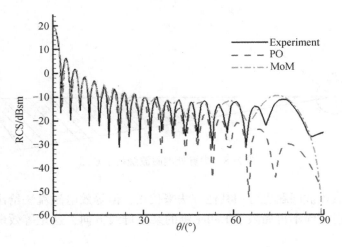

图 2-10　水平极化方式下金属平板 RCS 曲线

（2）NASA 杏核体计算验证

采用本书介绍的 PO 算法对 NASA 杏核体的 RCS 进行了数值模拟计算，并与试验测试得到的结果进行了对比分析。

NASA 杏核体的数学表达式分为两部分：

当 $-0.41667 < t < 0,\ -\pi < \psi < \pi$ 时

$$\begin{cases} x = dt \\ y = 0.193333d\sqrt{1 - \left(\dfrac{t}{0.416667}\right)^2}\cos\psi \\ z = 0.064444d\sqrt{1 - \left(\dfrac{t}{0.416667}\right)^2}\sin\psi \end{cases} \tag{2-73}$$

当 $0 < t < 0.58333,\ -\pi < \psi < \pi$ 时

$$\begin{cases} x = dt \\ y = 4.83345d\left[\sqrt{1 - \left(\dfrac{t}{2.08335}\right)^2} - 0.96\right]\cos\psi \\ z = 1.61115d\left[\sqrt{1 - \left(\dfrac{t}{2.08335}\right)^2} - 0.96\right]\cos\psi \end{cases} \tag{2-74}$$

　　其中, $d = 9.936\text{in}$[①]。采用本书介绍的 PO 算法对杏核体的 RCS 进行数值模拟计算，并与试验测试结果进行了对比分析。NASA 杏核体模型和入射角度设置如图 2-11 所示。计算频率为 9.92GHz，计算角度为 0°~180°，角度间隔 1°。

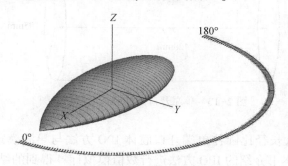

图 2-11　NASA 杏核体模型和入射角度设置

　　图 2-12 为 NASA 杏核体的 RCS 数值计算与试验测试结果对比，图中"Experiment"为试验测试结果，"PO"为本书介绍的 PO 法的数值模拟计算结果。由图 2-7 可知，PO法在小角度和大角度下得到的计算值与试验测试值差距较大，说明 PO 法对于尖顶绕射的模拟精度较差；在 60°~120° 探测角范围内，计算值与试验测试值的差距较小。PO 法在不同极化方式下得到的目标 RCS 值变化不大，说明 PO 法对于不同极化方式下的目标散射特性捕捉不够。

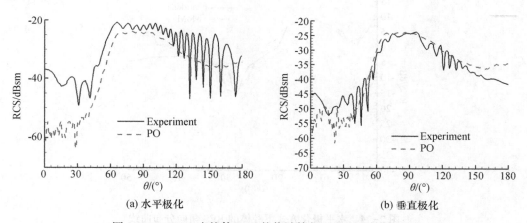

(a) 水平极化　　　　　　　　　　　　(b) 垂直极化

图 2-12　NASA 杏核体 RCS 数值计算与试验测试结果对比

2.8.2　IPO 方法验证

(1) 单端开口圆柱腔体

　　飞机发动机喷管一般都是轴对称的，本书对参考文献 [26] 中的圆柱形单端开口腔体进行了数值模拟。腔体尺寸如图 2-13 所示，其长径比为 2。入射电磁波频率为 10GHz，计算角度范围为 0°~40°，角度间隔为 1°。分别采用本书介绍的 IPO 方法和 MoM 方法对该腔体的电磁散射特性进行数值模拟，并与导波模式法的结果进行比较。其中，IPO 方法中腔体表

---

　　① 　1in ≈ 25.4 mm。

面面元网格数目为 5962 个，而 MoM 腔体表面面元网格数目为 79716 个。

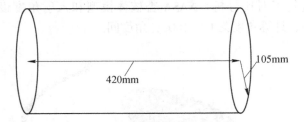

图 2-13　单端开口圆柱腔体模型示意图

　　图 2-14 所示为大长径比圆柱单端开口腔体 IPO 方法与导波模式法计算结果对比图，图中"IPO"为采用本书介绍的 IPO 方法进行数值模拟计算得到的结果，"Model"为参考文献［26］中导波模式法计算的结果，"MoM"为本书介绍的矩量法的数值模拟结果。导波模式法对于单端开口腔体具有良好的模拟精度，一般作为校验其他方法的数值方法。由图 2-14 可知，IPO 方法的数值模拟结果与导波模式法得到的结果接近。当探测角大于 30°之后，IPO 方法与导波模式法得到的 RCS 幅值差异变大，但是 RCS 变化规律是一致的。MoM 方法的数值模拟结果与导波模式法得到的结果十分接近，只有在 28°探测角时的 RCS 幅值与导波模式法存在较大的差异。但是，IPO 方法属于高频近似方法，相比 MoM 方法的计算效率更高。

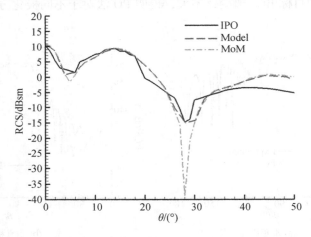

图 2-14　水平极化方式下腔体的 RCS 角向分布曲线

（2）单端开口矩形腔体

　　后文中将开展球面收敛二元矢量喷管的电磁散射特性的研究，因而需要验证 IPO 方法对于类似结构的单端开口腔体的适用性。因此，本书对于参考文献［27］中的矩形单端开口腔体试验模型（见图 2-15）采用 IPO 方法进行数值模拟，并与参考文献［27］的试验结果进行了对比。该矩形腔体模型的尺寸为 857mm×254mm×127.5mm，计算频率为 10GHz。计算角度设置：偏航探测面下 0°～30°，计算角度间隔 1°。

　　图 2-16 为偏航探测面水平极化方式下数值模拟与试验测试 RCS 角向分布曲线，图中"Experiment"为试验测试结果，"Numerical simulation"为本书 IPO 方法进行的数值模拟计算结果。由图 2-16 可知，在全部探测角范围内，采用 IPO 方法计算的 RCS 曲线的角向

图 2-15　矩形单端开口腔体模型示意图

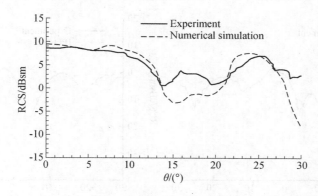

图 2-16　单端开口腔体数值模拟与试验测试 RCS 角向分布曲线

分布规律与试验测试结果一致。在 0°~13° 探测角范围内，采用 IPO 方法计算得到的腔体的 RCS 值要大于试验结果，这主要是因为在较小的探测角下，入射电磁波的主要照射区域是矩形底面区域，主要的反射类型是镜面反射。在数值模拟中，所有壁面均为完全光滑壁面，但是在试验测试中，测试件的壁面无法保证完全光滑，因此电磁波在入射到试验件表面时的反射方向会存在一定的偏差。在 25° 探测角附近，模型的 RCS 会出现一个波峰，这主要是因为在该探测角下，模型的侧壁面和底面会形成一个二面角结构；数值模拟和试验测试得到波峰所对应的探测角存在一定的相位差，这主要是因为在试验中，为了消除腔体外侧壁面对于测试结果的影响，在外表面包裹了吸波材料。综上可知，本书介绍的 IPO 方法在计算电磁波在矩形单端开口腔体的多次入射时是可靠的。

（3）弯折腔体

本书的主要研究对象是球面收敛二元矢量喷管，为了获得其完整的电磁散射特性，需要研究其对带有一定弯折的单端开口腔体的适用性。本书对参考文献［28］中提到的弯折矩形单端开口腔体进行了数值模拟。模型尺寸如图 2-17 所示，计算频率为 10GHz，计算角度为 -30°~30°，计算角度间隔 1°。

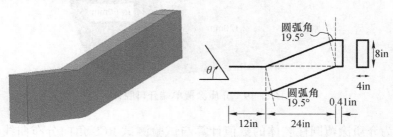

图 2-17　弯折腔体模型尺寸及入射角度示意图

图 2-18 所示为弯折矩形单端开口腔体的试验测试结果与数值模拟结果 RCS 角向分布曲线，图中"Experiment"为试验测试结果，"IPO"为数值模拟结果。由图 2-13 可知，IPO 方法对于该腔体的后向 RCS 的角向分布规律有着较好的预测精度。在较小的探测角范围内，IPO 方法得到的腔体的 RCS 幅值与试验测试值能够较好地吻合。在水平极化方式下，在较大的探测角下，IPO 方法得到的腔体 RCS 与试验测试值能够较好地吻合；在垂直极化方式下，在较大的探测角下，IPO 方法得到的腔体 RCS 与试验测试值吻合得较差。

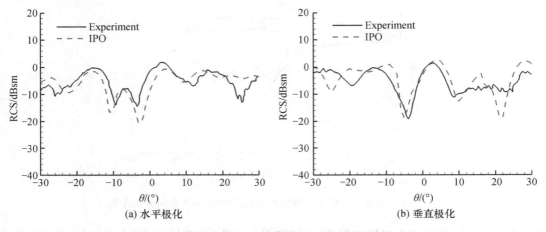

(a) 水平极化   (b) 垂直极化

图 2-18   弯折腔体 RCS 数值模拟与试验测试结果对比

（4）介质涂覆圆柱腔体

为了验证本书介绍的结合阻抗边界条件的 IPO 算法对于介质涂覆腔体的计算精度，本书对参考文献［28］中提出的单端开口介质涂覆圆柱腔体进行了数值模拟计算，并与试验测试值进行了对比。圆柱腔体的尺寸如图 2-19 所示，入射角度 0°~50°，角度间隔 1°，入射频率 10GHz。所用吸波材料的电参数如下：$\mu_r = 1.0$，$\varepsilon_r = 6.11 - j0.78$，介质涂覆厚度为 6mm。

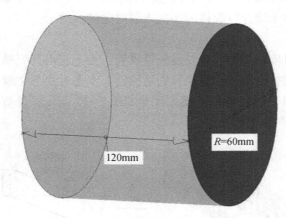

图 2-19   介质涂覆单端开口腔体

图 2-20 为介质涂覆圆柱腔体的数值计算与试验测试 RCS 角向分布曲线，图中"Experiment"为试验测试结果，"IPO"为本书介绍的带有阻抗边界条件的 IPO 算法的数值模

拟结果。由图可知，在两种极化方式下，在较小的探测角度范围内，结合阻抗边界条件的 IPO 算法对于介质涂覆的圆柱腔体的 RCS 具有较好的模拟效果，计算结果与试验测试结果吻合得较好。随着探测角度的增加，IPO 方法得到的腔体 RCS 与测试结果的差异变大。

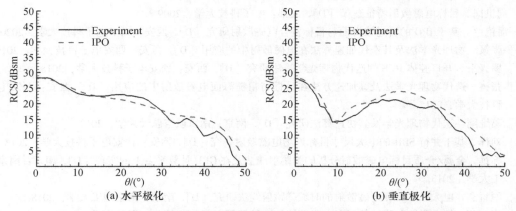

图 2-20　介质涂覆圆柱腔体数值计算与试验测试 RCS 角向分布曲线

2.9　小结

本章主要对单端开口腔体类目标以及飞行器目标的 RCS 预估方法进行了介绍，并对几种电磁散射特性数值模拟方法的计算精度进行了验证分析。主要内容包括以下几个方面：

（1）介绍了针对飞行器外壁面类目标电磁散射特性计算的 PO 算法，并对 PO 算法的精度和适用范围进行了验证分析，结果表明 PO 算法对于镜面反射类型的目标的电磁散射能够进行较好的预估，但是对于多次反射、尖顶绕射等类型的目标的电磁散射特性预估的精度较低。

（2）介绍了针对航空发动机喷管类单端开口腔体电磁散射特性计算的 IPO 算法，并验证了 IPO 算法对圆柱单端开口腔体、矩形单端开口腔体以及矩形弯折单端开口腔体的 RCS 的预估精度和适用程度。结果表明，IPO 方法得到的 RCS 角向分布曲线与试验结果能够较好吻合。

（3）对比分析了 PO 算法、MoM 算法以及 IPO 算法对于平板反射以及单端开口腔体的电磁散射特性的预估精度。研究结果表明，MoM 方法具有最好的计算精度，能够有效地计算目标表面的镜面反射、边缘绕射以及腔体结构的散射。但是，PO 算法和 IPO 算法属于高频算法，与 MoM 算法相比，可以降低壁面面元网格数目，进而减少求解时的未知数数目。

参考文献

[1] 黄培康，殷红成，许小剑．雷达目标特性［M］．北京：电子工业出版社，2005．

[2] 孟贵平．再入体的电磁散射特性分析及算法研究［D］．南京：南京大学，2019．

[3] 张霄．基于热力参数的燃气轮机故障建模及诊断研究［D］．上海：上海电力大学，2019．

[4] 余启迪．电大尺寸目标的高频方法电磁散射特性分析及快速成像技术研究［D］．南京：南京理工大

学，2018.

[5] 雷浩. 物理光学算法在电大尺寸目标电磁散射中的应用 [D]. 西安：西安电子科技大学，2018.

[6] 王星. 神威平台中并行物理光学法的研究 [D]. 西安：西安电子科技大学，2016.

[7] 田贵宇. 电大尺寸物体的高频近似算法研究 [D]. 上海：上海交通大学，2014.

[8] 周世岗. 目标电磁散射特征建模 [D]. 成都：电子科技大学，2009.

[9] 潘艳兰. 基于 IPO 的含卷浪海面与目标复合电磁散射研究 [D]. 西安：西安电子科技大学，2020.

[10] 张策. 物理光学法及其迭代加速算法在电大尺寸散射中的应用 [D]. 西安：西安电子科技大学，2019.

[11] 罗兴平. 开口腔体 RCS 的迭代物理光学算法研究 [D]. 西安：西安电子科技大学，2018.

[12] 张涛. 迭代物理光学法及其加速方法在目标与粗糙海面电磁散射中的应用 [D]. 西安：西安电子科技大学，2015.

[13] 葛维刚. 迭代物理光学及其快速算法研究 [D]. 南京：南京航空航天大学，2013.

[14] 刘祥. 基于并行 SBR 的电大尺寸目标近场电磁散射研究 [D]. 西安：西安电子科技大学，2018.

[15] 苏远. 金属/介质目标电磁散射分析的弹跳射线法及在 GPU 计算平台上的实现 [D]. 南京：南京理工大学，2018.

[16] 顾竹鑫. 电大尺寸目标电磁散射的时域弹跳射线法研究 [D]. 南京：南京理工大学，2018.

[17] 梅晓蔚. 综合弹跳射线法的复杂电磁环境仿真计算研究 [D]. 杭州：浙江大学，2017.

[18] 林武翔. 基于 GPU 的弹跳射线法电磁散射仿真平台研究与实现 [D]. 成都：电子科技大学，2017.

[19] 唐朝汉. 基于射线追踪技术的复杂电磁环境仿真算法的研究与实现 [D]. 北京：北京邮电大学，2017.

[20] 朱林. 基于高阶矩量法的复杂目标电磁散射和辐射特性建模研究 [D]. 绵阳：西南科技大学，2021.

[21] 朱敏. 混合目标电磁散射特性高效分析及其 RCS 缩减研究 [D]. 绵阳：西南科技大学，2021.

[22] 龚皓轩. 基于区域分解矩量法的目标宽带 RCS 高效分析研究 [D]. 西安：西安电子科技大学，2020.

[23] 顾宗静. 并行矩量法及其区域分解关键技术研究 [D]. 西安：西安电子科技大学，2019.

[24] 袁峰. 金属介质混合目标异步并行多层快速多极子算法研究 [D]. 西安：西安电子科技大学，2019.

[25] Michaeli. Elimination of infinities in equivalent edge currents, part I: fringe current components [J]. IEEE Trans. Antennas Propagation, 1986, 34 (7): 912-918.

[26] Obelleiro F, Rodríguez J L, Pino A G. A progressive physical optics (PPO) method for computing the electromagnetic scattering of large open-ended cavities [J]. Microwave & Optical Technology Letters, 1997, 14 (3): 166-169.

[27] 张乐. 飞翼布局耦合进排气的气动与隐身综合设计研究 [D]. 西安：西北工业大学，2016.

[28] 罗威. 三维电大复杂腔体电磁散射问题的混合快速算法研究 [D]. 成都：电子科技大学，2007.

第3章　球面收敛二元矢量喷管电磁散射特性

排气系统是飞行器后向最主要的雷达散射源，对实现飞行器全方位的雷达隐身具有十分重要的影响。根据之前的研究结果，排气系统的几何结构形式是影响其目标特征的重要因素之一。几何结构形式对目标特征的影响主要体现在以下两个方面：一是相同条件下，不同的几何特征会呈现出不同的目标特征；二是不同几何特征能够提供的目标特征的缩减能力不同。

目前，现役主流战斗机的发动机排气系统喷管形式为轴对称喷管。为了适应新一代高性能战斗机对排气系统气动及隐身的要求，国内外学者先后提出了多种喷管形式：二元喷管、球面收敛矢量喷管以及 D 形喷管等。

3.1　不同类型喷管气动/RCS 特性分析

在本小节中，分别对轴对称喷管、圆转方二元喷管、球面收敛矢量喷管以及 D 形喷管[1]的气动特性和电磁散射特性进行了数值模拟。四种不同类型的喷管的主要几何控制参数，如喷管进出口面积、喉道面积及喷管长度保持一致。喷管形状如图 3-1 所示。

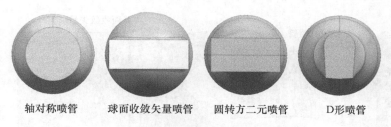

轴对称喷管　　　球面收敛矢量喷管　　　圆转方二元喷管　　　D形喷管

图 3-1　不同类型排气系统外形示意图

3.1.1　喷管的气动特性分析

为了对比分析四种喷管的气动性能，采用商用 CFD 软件分别对四种喷管的气动性能进行了数值模拟与分析，并设置了相同的进口边界条件参数。

图 3-2 为四种不同喷管内部对称面上的静压分布云图。由图可知，轴对称喷管的静压分布最为均匀，只有在中心锥后部会出现一个较小的高压区域。圆转方二元喷管的中心锥后的高压区域的面积大于轴对称喷管，其喉道后部的压力分布相比轴对称喷管的均匀度下降。SCFN 喷管收敛段之后的球面段会出现面积的扩大，因此压力会变大，SCFN 扩张段的压力分布较为均匀。D 形喷管对称面上的压力分布最不均匀，在圆转 D 形的变化区域附近的压力变化较为剧烈。

图 3-3 为四种不同喷管对称面上的马赫数分布云图。由图可知，四种喷管在几何喉道的位置马赫数均大于 1，且喷管出口马赫数也均大于 1；在中心锥后部存在一个低速区域，

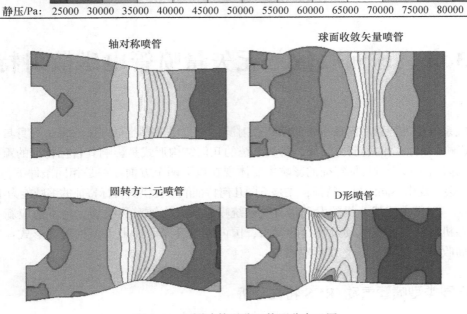

图 3-2　不同喷管对称面静压分布云图

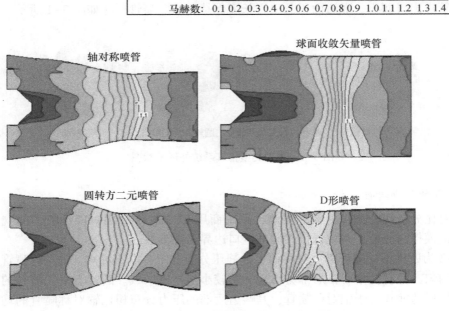

图 3-3　不同喷管对称面上的马赫数分布云图

其中，SCFN 中心锥后部的低马赫数区域的面积最大，而 D 形喷管该位置出现的低马赫数区域的面积则相对较小。SCFN 在球面收敛段两侧区域存在一个低速区域。圆转方二元喷管内部的速度分布相较其他三种喷管的均匀度较差。D 形喷管的出口速度最大，且 D 形喷管圆转 D 形的区域速度变化较为剧烈。

表 3-1 为四种不同喷管的气动性能参数。表中对比分析了四种喷管的流量系数和推力系数的相对值。由表可知，SCFN 和圆转方二元喷管具有相似的流通能力，但是圆转方二元喷管的推力系数要高于 SCFN。D 形喷管的相对推力系数和相对流量系数均小于其他三型喷管。

表 3-1　四种不同喷管的气动性能参数表

喷管类型	相对推力系数	相对流量系数
轴对称喷管	1.0	1.0
圆转方二元喷管	0.9698	0.9704
SCFN	0.9652	0.9722
D 形喷管	0.9576	0.9584

3.1.2　喷管的电磁散射特性分析

采用本书介绍的迭代物理光学方法和等效电磁流方法计算了这四种不同几何特征的喷管在 X 波段下的电磁散射特性。计算角度（θ）设置如图 3-4 所示。四种不同喷管的探测角设置分别为：

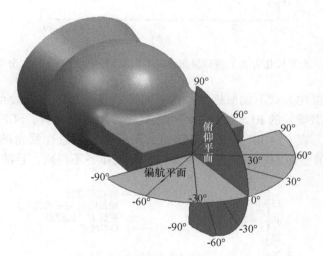

图 3-4　探测角设置示意图

（1）轴对称喷管：俯仰探测面 -30°~30°，角度间隔 1°；

（2）SCFN 喷管、圆转方二元喷管及 D 形喷管：俯仰探测面 -30°~30° 以及偏航探测面 0°~30°，角度间隔 1°。

图 3-5 为水平极化方式下俯仰探测面内不同类型喷管的 RCS 角向分布曲线。由图可知，在俯仰探测面内，轴对称喷管、SCFN 喷管以及圆转方二元喷管的 RCS 分布具有对称性；D 形喷管 RCS 分布则不具有对称性。在 0° 探测角下，轴对称喷管的 RCS 大于其他三型喷管的 RCS。在 0°~10° 探测角范围内，四型喷管的 RCS 随着探测角的增加而逐渐下降。

其中，SCFN 喷管的 RCS 角向分布规律明显异于其他三型喷管，SCFN 喷管在 5° 探测角附近会出现一个峰值区域，这主要是因为 SCFN 喷管扩张段之前的球面段与其他三型喷管存在较大的差异。圆转方二元喷管的 RCS 小于轴对称喷管的 RCS。D 形喷管的第二个峰值出现的探测角位置落后于 SCFN 喷管，且幅值也小于 SCFN 喷管。在 10°~30° 探测角范围内，SCFN 喷管和圆转方二元喷管的 RCS 幅值在大部分探测角下小于轴对称喷管；在 20° 探测角附近，圆转方二元喷管存在一个 RCS 幅值大于轴对称喷管的波峰区域；D 形喷管在大部分探测角下 RCS 幅值最大。在 -30°~0° 探测角范围内，由于轴对称喷管、圆转方二元喷管及 SCFN 喷管具有对称性，因此其 RCS 角向分布规律与正向探测角下一致；而 D 形喷管的 RCS 角向分布及幅值接近轴对称喷管。

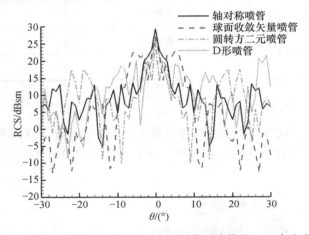

图 3-5 水平极化方式下俯仰探测面内不同类型喷管的 RCS 角向分布曲线

图 3-6 为垂直极化方式下偏航探测面内不同类型喷管 RCS 角向分布曲线。由图可知，在 0° 探测角下，四型喷管的 RCS 值从大到小的顺序为轴对称喷管、SCFN 喷管、圆转方二元喷管和 D 形喷管。在 0°~30° 探测角范围内，四型喷管随着探测角的增加而波动下降；四型喷管受各自几何型面的影响，其 RCS 角向分布规律各不相同，且波动较大。

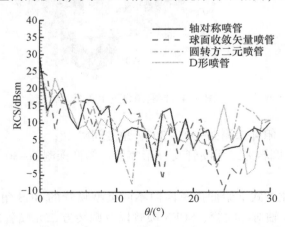

图 3-6 垂直极化方式下偏航探测面内不同类型喷管的 RCS 角向分布曲线

图 3-7 为水平极化方式下俯仰探测面内 0° 探测角四种喷管壁面感应电流密度分布云图。由图可知，在 $\theta = 0°$ 下，四型喷管的高密度感应电流分布区域各不相同。轴对称喷管和 D 形喷管的高密度电流分布主要集中在中心锥锥顶平面；SCFN 喷管和圆转方二元喷管的高密度感应电流分布主要集中在进口端面上。在 0° 探测角下，影响 RCS 的最主要因素是喷管出口在喷管进口端面的投影区域的大小。

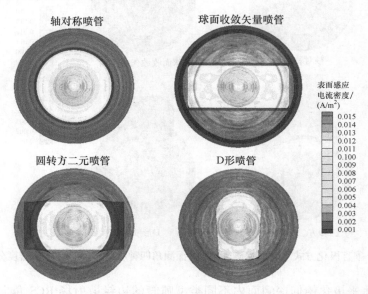

图 3-7　水平极化方式下俯仰探测面内 0° 探测角四种喷管壁面感应电流密度分布云图

图 3-8 为垂直极化方式下偏航探测面内 20° 探测角四种喷管壁面感应电流密度分布云图。由图可知，在该探测角下，D 形喷管内部壁面感应电流密度最小，这是因为在该探测角下，D 形喷管具有最小的电磁波直接照射区域面积。其他三型喷管在喷管进口端面和喷管侧壁面形成的二面角结构区域存在一个中等强度的感应电流密度分布。

表 3-2 为四种喷管在不同探测面下的不同极化方式下的 RCS 均值及相对轴对称喷管的 RCS 缩减效果。由表可知，轴对称喷管的均值最大，其他三型喷管相对轴对称喷管都有一定程度的下降；D 形喷管的 RCS 均值相比轴对称喷管有至少41%的缩减。圆转方二元喷管的 RCS 缩减效果仅次于 D 形喷管。除了轴对称喷管以外，其余三型喷管均表现出了一定的极化特性。

表 3-2　四种喷管 RCS 均值及相对轴对称喷管的 RCS 缩减效果

喷管类型	水平极化俯仰平面 /dBsm	相对轴对称喷管的缩减效果/%	垂直极化偏航平面 /dBsm	相对轴对称喷管的缩减效果/%
轴对称喷管	16.93899	—	16.39089	—
SCFN	16.62558	-6.96	15.09296	-25.83
圆转方二元喷管	14.34725	-44.94	14.62933	-33.34
D 形喷管	14.60903	-41.52	9.424923	-79.89

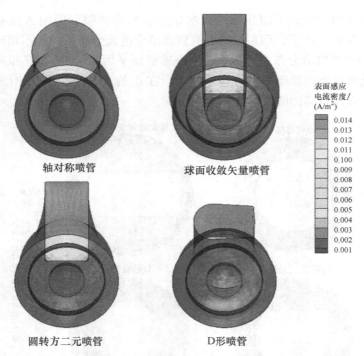

表面感应
电流密度/
(A/m²)
0.014
0.013
0.012
0.011
0.100
0.009
0.008
0.007
0.006
0.005
0.004
0.003
0.002
0.001

轴对称喷管　　　　球面收敛矢量喷管

圆转方二元喷管　　　　D形喷管

图 3-8　垂直极化方式下偏航探测面内 20°探测角四种喷管壁面感应电流密度分布云图

图 3-9 为水平极化俯仰探测面内不同类型喷管的边缘散射场 RCS 角向分布曲线。由图可知，不同类型喷管的边缘散射场与腔体散射场相比，其 RCS 数量级相差较大。因此在本书后面针对排气系统电磁散射的分析中，主要针对腔体散射场进行。圆转方二元喷管和 SCFN 具有相似的边缘散射场分布，轴对称喷管和 D 形喷管的边缘散射场分布较为一致。

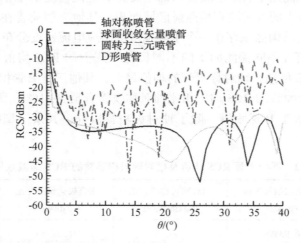

图 3-9　水平极化俯仰探测面内不同类型喷管的边缘散射场 RCS 角向分布曲线

综合四种喷管的气动性能与电磁散射特性计算结果，可以知道，SCFN 在具有较好的气动性能的同时相比轴对称喷管还具有一定的 RCS 缩减能力，同时相比 D 形喷管和圆转方二元喷管，SCFN 在实现矢量时具有一定结构上的优势。SCFN 的收敛段采用万向节的球形机构，扩张段采用矩形截面。这种结构可以兼顾轴对称喷管矢量效率高、压力分布均匀的优点，以及二元喷管易与机身一体化设计的优点，是唯一列入美国综合高性能涡轮发动机技术的矢量喷管。

3.2　球面收敛二元矢量喷管参数化设计

3.2.1　参数化设计方法简介

参数化设计是指在原有零件或部件形状的基础上，通过有限的几何尺寸参数与几何约束关系来确定几何图形的形状、尺寸以及相对位置等。通过这些约束条件来逐步实现几何图形按照预期方向进行改变，最终通过参数化几何图形的尺寸与限制选择约束条件的方式，达到对几何图形的驱动与控制，使得参数与对象的控制尺寸有显式对应关系[2]。

参数化设计方法就是将模型中的定量信息变量化，使之成为可任意调整的参数。对变量化参数赋予不同数值，就可得到不同大小和形状的零件模型。参数化设计的主要特点如下：①基于特征；②全尺寸约束；③尺寸控制模型修改；④整体数据相关性。

参数化设计方法主要有以下两种方案：自主程序开发和基于 CAD 软件的嵌入式二次开发。采用计算机语言开发的程序工具只能够实现对数组的操作，并不具备可视化计算机辅助设计的功能。在进行参数化设计的独立程序开发时，须根据模型的参数化设计要求，提取模型的关键控制因素，并通过对控制因素的离散化处理，用不同的点的坐标信息来代替目标模型的所有控制信息。参数化设计可执行程序将目标模型的各项参数以数据的形式读入，当程序执行完毕后，再以离散的数据点形式输出。整个参数化过程实质上是将参数信息转变为对数组的操作。因此，最终要想得到目标模型，依然必须借助 CAD 软件读入参数化设计可执行程序输出的数据，再通过 CAD 软件内部的点—线—面—体的操作来完成目标模型的建模。

通过程序开发工具独立开发的参数化设计程序，可以控制目标模型上任意一点的坐标信息，所以在对复杂模型进行参数化设计过程中，该方法就体现出得天独厚的优势，例如，具有特殊变化规律的曲线或特殊变化的截面信息等。但是，对于相对简单模型的参数化设计时就显得较为烦琐，例如，长方体、圆柱体、圆台等具有规则形状的模型。

现有的 CAD 制图软件基本上都具有二次开发功能以及相应的接口。CAD 软件二次开发的一般步骤如下：①用户根据不同 CAD 软件二次开发工具所规定的语法规则编写用户自定义的函数；②根据目标模型的特征，建立符合该特征的菜单文件；③在 CAD 软件系统的脚本文件或者其他文件中加入相应的内容，使目标能够得到初始化操作；④通过对 CAD 软件的对话框进行路径修改及配置使得最终得到的目标文件能够完全符合整个 CAD 软件的操作规程；⑤根据目标模型的需求编写参数化程序，使 CAD 软件启动时能够根据菜单的选择来调用参数化程序，从而最终实现整个目标的二次开发。虽然不同的 CAD 软件在面向用户时，上述步骤会有先后顺序上的调整，但本质上并不影响整个过程[3~6]。

3.2.2　球面收敛二元矢量喷管参数化设计过程

在综合考虑两种方法的优缺点之后，本书选取基于 CAD 的嵌入式二次开发完成球面收敛二元矢量喷管的参数化设计工作。

在进行参数化设计之前，需要提取设计对象的几何参数。本书在设计球面收敛二元矢量喷管时，将喷管混合室出口之后的部分从结构上分为三部分：收敛段（平直过渡段）、球面过渡段以及二元扩张段。其中球面过渡段与二元扩张段之间的连接处采用"可变半径边倒圆"与"边倒圆"相结合的方式进行圆滑过渡。二元扩张段与喉道处宽度一致。本书中进行参数化开发使用的 SCFN 喷管参数如图 3-10 和图 3-11 所示。

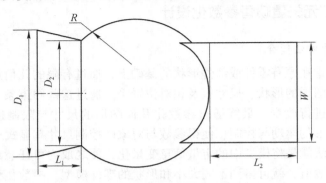

图 3-10　球面收敛二元矢量喷管俯视图

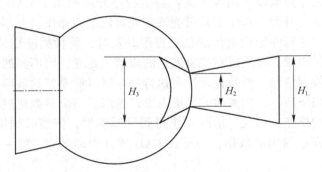

图 3-11　球面收敛二元矢量喷管侧视图

本书中选用的全尺寸约束参数如表 3-3 所示。

表 3-3　全尺寸约束参数

名称	符号
收敛段入口直径	D1
收敛段出口直径	D2
平直段轴向长度	L1
球面过渡段半径	R
二元扩张段出口宽度	W
二元扩张段出口高度	H1
扩张段轴向长度	L2
喉部高度	H2
二元扩张段与球面收敛段之间的二元过渡段高度	H3

本书介绍的基于 CAD 的嵌入式二次开发程序提取的 SCFN 关键点信息如图 3-12 所示。

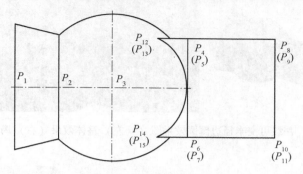

图 3-12　关键点示意图

以 P_1 点为坐标原点，建立如图 3-13 所示的笛卡儿坐标系。

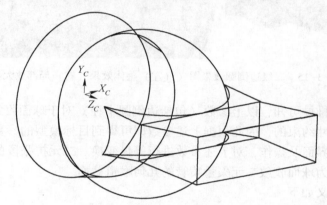

图 3-13　笛卡儿坐标系示意图

P_2 的 z 坐标为

$$z_2 = L_1 \tag{3-1}$$

由垂径定理可推得 P_3 的 z 坐标为

$$z_3 = z_2 + \sqrt{R^2 - D_2^2} \tag{3-2}$$

P_4、P_5、P_6、P_7 的 z 坐标为

$$z_4 = z_5 = z_6 = z_7 = z_3 + \sqrt{R^2 - \left(\frac{H_2}{2}\right)^2} \tag{3-3}$$

P_8、P_9、P_{10}、P_{11} 的 z 坐标为

$$z_8 = z_9 = z_{10} = z_{11} = z_7 + L_2 \tag{3-4}$$

P_{12}、P_{13}、P_{14}、P_{15} 的 z 坐标为

$$z_{12} = z_{13} = z_{14} = z_{15} = z_3 + \sqrt{R^2 - \left[\left(\frac{H_3}{2}\right)^2 + \frac{W}{2}\right]^2} \tag{3-5}$$

以上各关键点的 x 坐标、y 坐标根据所在截面的面积特征和高度特征可以求得。二元

扩张段与球面收敛段之间的最终过渡形式如图 3-14 与图 3-15 所示。

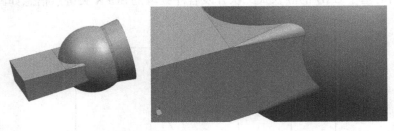

图 3-14　一级可变半径边倒圆效果图（（左）整体效果（右）局部放大）

图 3-15　二级边倒圆效果图（（左）整体效果（右）局部放大）

　　根据上述条件推导可知，以上参数（包括边倒圆半径）对于球面收敛二元矢量喷管的参数化设计是全尺寸约束的，因此根据上述参数即可得到目标模型的参数化设计程序。为了方便设计可视化界面及操作，对上述参数进行等量变换。二元扩张段的进口在过渡段边倒圆之前，可近似为球面收敛二元矢量喷管的几何喉道截面。

　　喉部宽高比定义如下

$$AR = \frac{W}{H_2} \tag{3-6}$$

定义喉道面积为 S_4，则喉部高度与宽度为

$$H_2 = \sqrt{\frac{S_4}{AR}} \tag{3-7}$$

$$W = H_2 \cdot AR \tag{3-8}$$

定义二元出口段面积为 S_5，则二元出口段高度

$$H_1 = \frac{S_5}{W} \tag{3-9}$$

定义二元扩张段与球面收敛段之间二元过渡段面积为 S_3，则二元过渡段高度为

$$H_3 = \frac{S_3}{W} \tag{3-10}$$

定义收敛段出口面积为 S_2，则其出口直径为

$$D_2 = 2 \cdot \sqrt{\frac{S_2}{\pi}} \tag{3-11}$$

定义收敛段进口面积为 S_1，则其进口直径为

$$D_1 = 2 \cdot \sqrt{\frac{S_1}{\pi}} \qquad\qquad (3\text{-}12)$$

本书参数化设计的球面收敛二元矢量喷管，要求后期能够实现矢量偏转，因此，引入俯仰方向矢量偏转角度 α 与偏航方向矢量偏转角度 β 这两个参数。参数变换后的全尺寸约束参数如表 3-4 所示。

表 3-4　参数变换后的全尺寸约束参数

名称	符号
收敛段进口面积	S1
收敛段出口面积	S2
收敛段长度	L1
球面收敛段半径	R
二元过渡段面积	S3
二元过渡段与球面连接处边倒圆一级控制点半径	R2
二元过渡段与球面连接处二级边倒圆半径	R3
喉部面积	S4
喉部宽高比	AR
二元扩张段出口面积	S5
扩张段轴向长度	L2

输入全尺寸约束参数，即可获得该参数下的球面收敛二元矢量喷管，如图 3-16 所示。

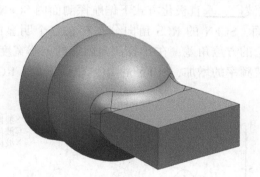

图 3-16　最终模型示意图

3.3　入射雷达波段对 SCFN 电磁散射特性的影响

为了研究不同电磁波段下球面收敛二元喷管在非矢量状态下电磁波散射特性的分布规律，选取 S 波段、C 波段和 X 波段下的典型频率，计算得到了 SCFN 在这三种波段下的 RCS 角向分布。计算角度设置如下：俯仰探测面-30°~30°，偏航探测面-30°~30°，角度间隔 1°。

图 3-17 为不同电磁波段、水平极化方式下俯仰探测面内 SCFN 的 RCS 角向分布曲线。

由图可知，在不同波段下，SCFN 的 RCS 角向分布规律相似：其 RCS 值最大值出现在 0° 探测角下；随着探测角的增加，模型的 RCS 波动减小。在不同的频率下，在 0° 探测角下，模型的 RCS 值随着频率的增加而逐渐增大；RCS 分布的主瓣宽度随着频率的增加而变窄。在小探测角范围内，频率越高则 SCFN 喷管的 RCS 越大；随着探测角的增加，高频率下 SCFN 喷管的 RCS 下降更快，且其 RCS 要小于在低频段下 SCFN 的 RCS。这主要是因为随着入射电磁波的增加，入射电磁波波长与 SCFN 喷管腔体壁面的主要特征尺寸之间的比值发生了变化。入射电磁波波长变短，对于腔体壁面的几何变化更加敏感，且随着入射电磁波频率的增加，电磁波在腔体内部的传播途径也会发生变化。

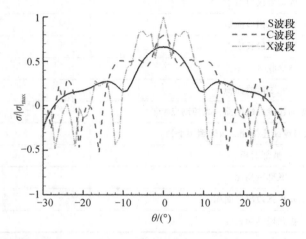

图 3-17　不同电磁波段、水平极化方式下俯仰探测面内 SCFN 的 RCS 角向分布曲线

图 3-18 为不同电磁波段、垂直极化方式下偏航探测面内 SCFN 的 RCS 角向分布曲线。由图可知，在偏航探测面，SCFN 的 RCS 角向分布存在三个明显的波峰，随着频率的增加，这三个波峰存在一定的方位角差；在 0° 探测角附近的主瓣宽度会随着频率的增大而逐渐变窄。随着入射电磁波频率的增加，SCFN 的 RCS 幅值增加，RCS 角向分布曲线的波动变得更加剧烈。

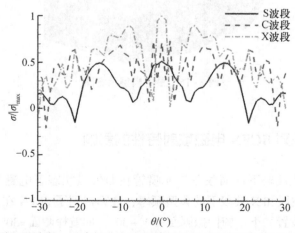

图 3-18　不同电磁波段、垂直极化方式下偏航探测面内 SCFN 的 RCS 角向分布曲线

图 3-19 为水平极化方式下俯仰探测面内 0°探测角不同波段下 SCFN 壁面感应电流密度分布云图。由图可知，在不同的电磁波段下，在喷管进口面区域均存在高密度电流分布区域，壁面上感应电流密度较低。但是在不同的波段下，高密度电流分布的具体位置存在差异。在 S 波段下，高密度电流分布的区域主要集中在中心锥表面区域，在进口面区域的高密度电流分布区域面积相比其他波段更小；在 C 波段下，高密度电流分布区域主要出现在内涵进口面区域和中心锥锥顶小平面区域；在 X 波段下，高密度电流分布区域主要出现在内涵进口面靠近混合器的区域。不同波段下电磁波在 SCFN 内部的传播路径是不相同的，而且其内部结构的特征尺寸与电磁波波长之间的比例关系也不一致，因此导致不同波段下，高密度电流分布区域的位置不一样。

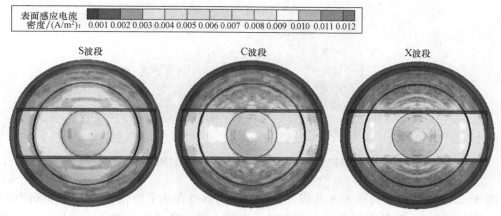

图 3-19　水平极化方式下俯仰探测面内 0°探测角不同波段下 SCFN 壁面感应电流密度分布云图

图 3-20 为垂直极化方式下偏航探测面内 0°探测角不同段下 SCFN 壁面感应电流密度分布云图。由图可知，在三种波段下，模型内壁面上的电流密度分布规律相似；随着入射电磁波频率的提高，在模型进口面区域的高密度电流分布区域面积随之增加。在 X 波段下，SCFN 的高密度感应电流呈线状分布在喷管进口端面上。

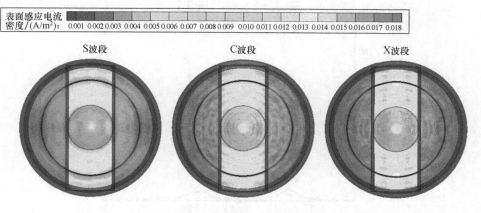

图 3-20　垂直极化方式下偏航探测面内 0°探测角不同波段下 SCFN 壁面感应电流密度分布云图

3.4 SCFN 部件对后向电磁散射的贡献

为了研究喷管壁面不同区域以及喷管内部中心锥和混合器对腔体电磁散射的影响，本书将球面收敛喷管的壁面划分为五个区域，区域划分如图 3-21 所示。图中所示部件 A～E 分别对应收敛段、球面段前部、球面段后部、二元扩张段前部以及二元扩张段后部。采用本书介绍的 IPO 方法计算 SCFN 在 S 波段、X 波段下 SCFN 壁面不同区域对于后向电磁散射的贡献分布，从而为进一步缩减 SCFN 的后向 RCS 提供指导。计算角度设置如下：俯仰探测面 0°～30°，偏航探测面 0°～30°，角度间隔 1°。

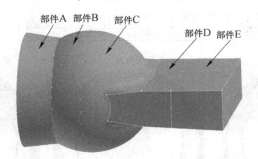

图 3-21　SCFN 壁面区域划分示意图

图 3-22 和图 3-23 所示为 S 波段、X 波段不同部件在水平极化方式下俯仰探测面内的 SCFN 不同区域的电磁散射贡献百分比曲线示意图，图中纵坐标为贡献百分比。由图 3-22 和图 3-23 可知，在两个波段下，喷管不同部件对于后向电磁散射的贡献存在比较大的差异。在 S 波段下，对喷管后向电磁散射的主要贡献部件是中心锥和区域 E；在 X 波段下的主要贡献则为区域 E。在 0°～5°探测角范围内，中心锥对两个波段喷管后向电磁散射具有一定的贡献，其中在 X 波段下中心锥的贡献相比 S 波段更大。在 5°～30°探测角范围内，对喷管后向电磁散射起主要贡献作用的主要是区域 D 和区域 E，即主要集中在喷管的扩张

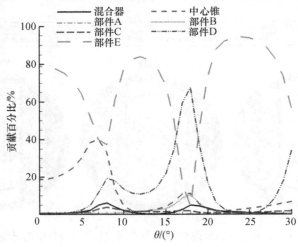

图 3-22　S 波段水平极化方式下俯仰探测面内不同部件的电磁散射贡献

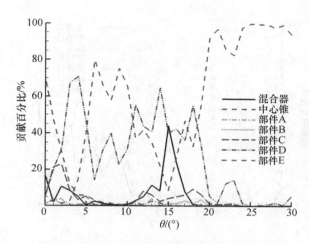

图 3-23　X 波段水平极化方式下俯仰探测面内不同部件的电磁散射贡献

段，这主要是因为在该探测角范围内，喷管扩张段壁面受到入射电磁波的直接照射；随着探测角的增加，扩张段壁面被直接照亮的区域增加。在不同波段下，扩张段的两部分壁面对于后向电磁散射的贡献存在差异。在 S 波段下，区域 D 在 18° 探测角附近有超过 50% 的贡献，在其他探测角范围内的贡献在 20% 以下，区域 E 在大部分探测角下的贡献均在 50% 以上。在 X 波段下，区域 D 的主要贡献角度范围在 0°~20°，区域 E 在 20°~30° 范围内的贡献在 90% 以上。喷管部件在两个波段下的不同区域的贡献不同主要是因为入射电磁波波长发生了变化，使得喷管的主要几何特征尺寸与波长之间的比发生了变化。

图 3-24 和图 3-25 分别为 S 波段、X 波段下垂直极化方式下偏航探测面内不同部件电磁散射贡献。由图 3-24 和图 3-25 可知，在 S 波段和 X 波段下，SCFN 各个区域对于后向电磁散射的贡献存在较大差异。由图 3-24 可知，在 S 波段下，除混合器以外，SCFN 的各个区域均对后向电磁散射存在较大的贡献，且分布在不同的探测角方位下。在 0°~10° 探测角范围内，对后向电磁散射起主要贡献的喷管区域是中心锥和区域 E；在 10°~20° 探测

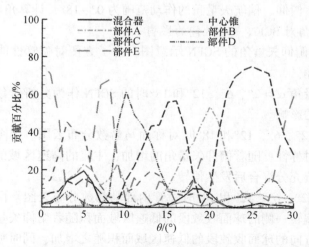

图 3-24　S 波段垂直极化方式下偏航探测面内不同部件的电磁散射贡献

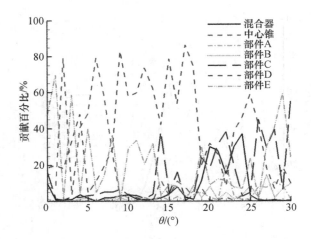

图 3-25　X 波段垂直极化方式下偏航探测面内不同部件的电磁散射贡献

角范围内，区域 D、区域 C 以及区域 A 相继对后向电磁散射起主要的贡献作用；在 20°～30°探测角范围内，对后向电磁散射起主要贡献的区域是区域 C 和区域 E。由图 3-25 可知，在 X 波段下，在 0°～10°探测角范围内，中心锥体现了较为明显的后向电磁散射贡献，这与在 S 波段下的贡献分布区别较为明显。在 10°～20°探测角范围内，对后向电磁散射起主要贡献作用的是区域 D；在 20°～30°探测角范围内，多个区域均对 SCFN 的后向电磁散射存在一定的贡献。

3.5　SCFN 矢量状态下气动和电磁散射特性分析

3.5.1　SCFN 矢量状态下气动特性分析

SCFN 是一种典型的机械调节式矢量喷管，能够单独或者同时在俯仰、偏航平面内产生力及力矩。下面分别研究俯仰、偏航几何矢量角下 SCFN 的几何矢量角对于气动矢量角的影响规律。其中，俯仰、偏航矢量角的作动范围为 0°～18°，计算角度间隔为 2°。

3.5.1.1　俯仰矢量角对 SCFN 气动性能的影响

图 3-26 为不同俯仰矢量角的 SCFN 示意图。为了方便对喷管性能进行分析，下文中用 α 代表俯仰矢量角。

选取了俯仰矢量角 $\alpha = 2°$、6°、12°和 18°时的 SCFN 作为分析对象，分析了俯仰矢量角对喷管气动性能的影响。

图 3-27 为 $\alpha = 2°$、6°、12°和 18°时对称面马赫数分布云图。由图可知，喷管的速度分布呈现明显的不对称性；随着俯仰矢量角的增加，主流的高速区域的长度随之减小；喷管射流在与外界气流充分混合后发生偏转。

图 3-28 为 $\alpha = 2°$、6°、12°和 18°时喷管内部马赫数分布云图。由图可知，随着喷管角度的偏转，偏向偏转一侧的球面收敛段的低速区域面积随着俯仰矢量角的增加而逐渐减小，相对应的另一方向的球面收敛段的低速区域面积随之增加，同时喷管中心锥后部的低速区域也会发生相应的偏转。这主要是因为随着俯仰矢量角的增加，扩张段壁面强迫几何

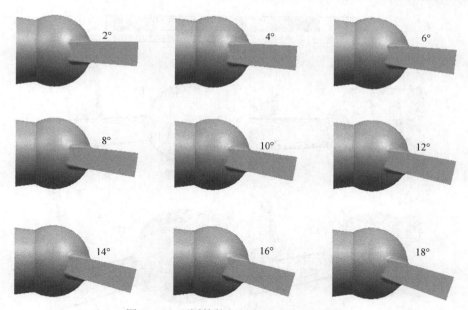

图 3-26　不同俯仰矢量角的 SCFN 示意图

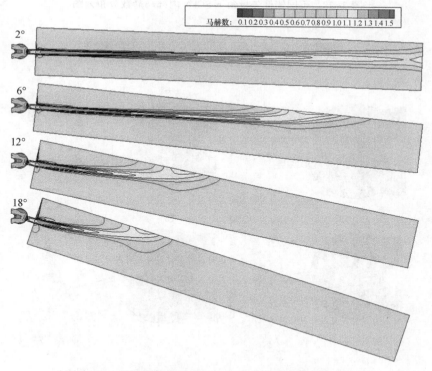

图 3-27　不同俯仰矢量角下 SCFN 对称面马赫数分布云图

喉道喉部的气流的流动方向发生了偏转，主流偏转带动了原有球面段低速区域，增加了其流动速度。

图 3-29 为 $\alpha = 2°$、$6°$、$12°$ 和 $18°$ 时喷管内部压强分布云图。由图可知，随着俯仰矢

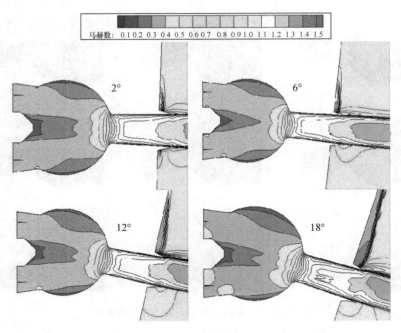

图 3-28　不同俯仰矢量角下 SCFN 内部马赫数分布云图

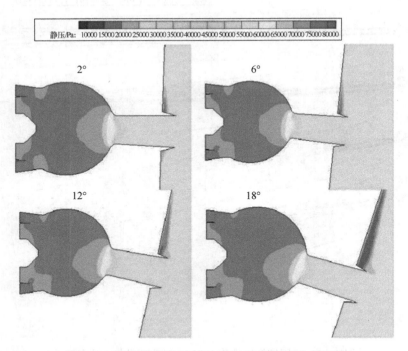

图 3-29　不用俯仰矢量角下 SCFN 内部压强分布云图

量角的增加，SCFN 收敛段与球面段存在的低压区域的面积会逐渐增加；喷管几何喉道处的低压区域形状会随着俯仰矢量角的增加而逐渐偏移。

表 3-5 为俯仰状态下 SCFN 的几何矢量角与气动矢量角示意表。由表可知，除了 α =

2°的模型之外，在其他俯仰矢量角状态下，气动矢量角均落后于几何矢量角，且随着几何矢量角的增大，气动矢量角落后几何矢量角的幅度增大。

表 3-5　俯仰状态下 SCFN 的几何矢量角与气动矢量角

模型编号	几何矢量角	气动矢量角	角度差
1	2°	2.130°	0.130°
2	4°	3.988°	−0.012°
3	6°	5.897°	−0.103°
4	8°	7.829°	−0.171°
5	10°	9.804°	−0.196°
6	12°	11.696°	−0.304°
7	14°	13.728°	−0.272°
8	16°	15.610°	−0.390°
9	18°	17.558°	−0.442°

3.5.1.2　偏航矢量角对喷管气动性能的影响

图 3-30 为不同偏航矢量角的 SCFN 示意图。为了下文分析方便，用 β 代表偏航矢量角。

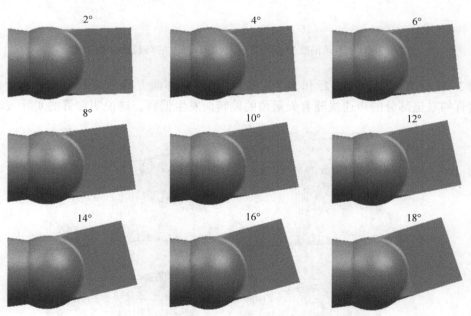

图 3-30　不同偏航矢量角的 SCFN 示意图

选取偏航矢量角 β=2°、6°、12°和 18°下的 SCFN 进行流场的分析。

图 3-31 为 β=2°、6°、12°和 18°下 SCFN 对称面上的马赫数分布云图。由图可知，在喷管出口处存在一个马赫盘；喷管出口的马赫盘的面积会随着偏航矢量角的增加而逐渐增大。随着矢量角的增加，喷管射流的高速区面积减小，这与俯仰矢量角对流场的影响一致。

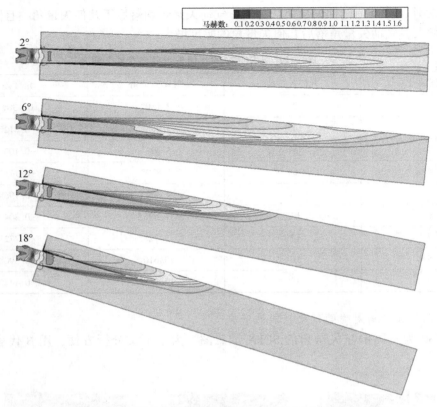

图 3-31　不同偏航矢量角下 SCFN 对称面上的马赫数分布云图

图 3-32 是 $\beta = 2°$、$6°$、$12°$ 和 $18°$ 下 SCFN 内部对称面上的马赫数分布云图。由图可知，喷管的喉道部分的声速线随着矢量角的偏转而发生偏转，这说明喷管的实际气动喉道

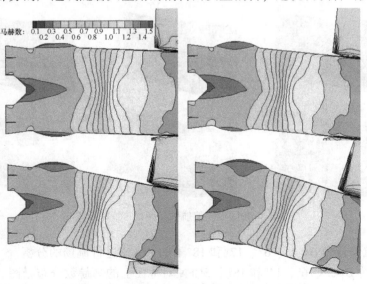

图 3-32　不同偏航矢量角下 SCFN 内部对称面上的马赫数分布云图

受到矢量角的影响；在矢量偏转的方向，在混合室出口位置会出现一个低速区域，这是混合室和球面收敛段突然扩张造成的，且随着矢量角的增大，该区域的面积增加；在球面段，偏转方向部分的球面低速区域面积随着矢量角的增加而减小，这主要是因为随着几何矢量角的增加，气流喷管内气流流动的方向也发生了偏转，从而带动了原本低速流动的区域。

图 3-33 为不同偏航矢量角下 SCFN 内部对称面上的压强分布云图。由图可知，在较小的矢量角下，对称面上的压力分布基本对称，随着矢量角的增加，球面收敛段内压力较高的区域开始向与矢量偏转相反的方向移动，且面积随之减小，这与喷管内部马赫数的分布相对应。

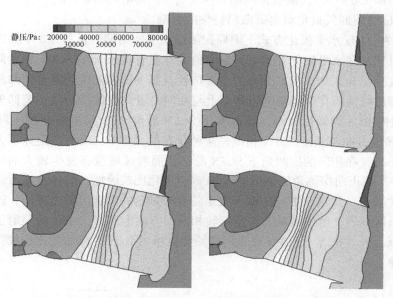

图 3-33　不同偏航矢量角下 SCFN 内部对称面上的压强分布云图

表 3-6 为偏航矢量角状态下 SCFN 的几何矢量角与气动矢量角。由表可知，在 12°之前，模型的气动矢量角是领先于几何矢量角的；当几何矢量角超过 12°后，模型的气动矢量角开始落后于几何矢量角。

表 3-6　偏航矢量角状态下 SCFN 的几何矢量角与气动矢量角

模型编号	几何矢量角	气动矢量角	角度差
1	2°	2.200°	0.200°
2	4°	4.095°	0.095°
3	6°	6.064°	0.064°
4	8°	8.033°	0.033°
5	10°	10.033°	0.033°
6	12°	12.002°	0.002°
7	14°	13.993°	-0.007°
8	16°	15.981°	-0.019°
9	18°	17.979°	-0.021°

3.5.2 SCFN 矢量状态下电磁散射特性研究

在矢量状态下，SCFN 的扩张段会进行相应的作动用以实现矢量推动，进而导致 SCFN 后向的 RCS 发生变化。为了掌握 SCFN 在矢量状态下的电磁散射特性，在本小节中针对 SCFN 在俯仰和组合矢量状态下的电磁散射特性开展了数值模拟计算与研究。

3.5.2.1 俯仰矢量角对喷管电磁散射特性的影响分析

本书分别计算了俯仰矢量角 $\alpha = 2°$、$6°$、$10°$、$14°$ 以及 $18°$ 时 SCFN 在 2GHz 和 10GHz 下的后向电磁散射特性。矢量状态下喷管的探测角设置与非矢量状态下相同。计算角度设置：俯仰探测面$-30° \sim 30°$，偏航探测面 $0° \sim 30°$，计算角度间隔 $1°$。

（1）2GHz 时俯仰矢量角对电磁散射特性的影响

图 3-34 为 2GHz 水平极化方式下俯仰探测面内不同俯仰矢量角 SCFN 的 RCS 角向分布曲线。由图可知，在水平极化方式下，俯仰角的存在直接破坏了 SCFN 的几何对称性；俯仰角的存在改变了 SCFN 的 RCS 分布的主瓣位置，其主瓣峰值位置随着俯仰角向负向探测角移动；主瓣的峰值所在探测角的值基本上与几何矢量角值保持一致；俯仰矢量角不仅改变了 SCFN 后向 RCS 的幅值大小，还改变了 SCFN 后向 RCS 的角向分布；当俯仰角为 $2°$ 时，其 RCS 角向分布与基准 SCFN 相似，两种状态的 SCFN 的幅值差距并不大；这是因为当俯仰角较小时，在相同的探测角下 SCFN 的初始照射区域没有发生较大的位置偏移。矢量状态下 SCFN 在正向探测角区域内的 RCS 幅值变化比较缓慢，总体上来看，随着探测角的增加而波动减小；并且 SCFN 的 RCS 大小随着矢量角的增加而随之减小；这主要是因为在正向探测角区域内，电磁波从与矢量偏转相反的方向上照射，主要的照射区域为扩展段的下壁面区域。矢量状态下 SCFN 在负向探测角区域内 RCS 的波动变化比较剧烈，且无明显的变化规律。

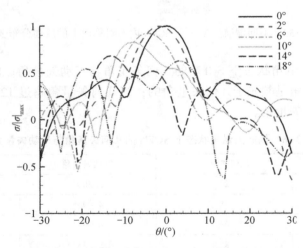

图 3-34　2GHz 水平极化方式下俯仰探测面内不同俯仰矢量角 SCFN 的 RCS 角向分布曲线

图 3-35 为 2GHz 垂直极化方式下偏航探测面内不同俯仰矢量角 SCFN 的 RCS 角向分布曲线。由图可知，在大部分探测角下，非矢量状态下 SCFN 的 RCS 都要大于矢量状态下 SCFN 的 RCS；俯仰矢量角为 $2°$ 的 SCFN 的 RCS 角向分布与非矢量状态下 SCFN 的 RCS 分布比较一致，其他俯仰矢量角 SCFN 的 RCS 角向分布与非矢量状态下的 RCS 角向分布存在

较大的俯仰角偏差。在 0°探测角下，矢量角的存在有限地缩减了 SCFN 的 RCS，这是因为俯仰矢量角的存在改变了电磁波在喷管内部的传播路径。

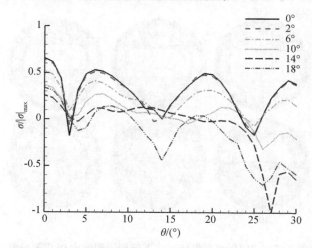

图 3-35　2GHz 垂直极化方式下偏航探测面内不同俯仰矢量角 SCFN 的 RCS 角向分布曲线

图 3-36 为俯仰探测面内 0°探测角时 SCFN 壁面直接照亮区域示意图。由图可知，在 0°探测角下，SCFN 的主要照射区域为喷管进口区域、中心锥以及扩张段壁面。其中，喷管进口区域的大小与喷管出口在该区域的投影面积直接相关。随着俯仰矢量角的增大，喷管扩张段壁面被直接照射的区域面积增大。

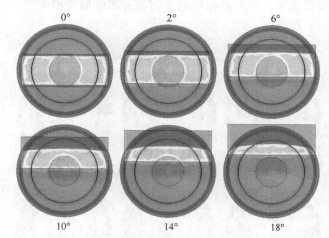

图 3-36　俯仰探测面内 0°探测角时 SCFN 壁面直接照亮区域示意图

图 3-37 为 2GHz 水平极化方式下俯仰探测面内 0°探测角时不同俯仰矢量角 SCFN 壁面感应电流密度分布云图。由图可知，非矢量状态下 SCFN 在中心锥表面存在两个高密度电流分布区域；随着矢量角的增加，这两个高密度电流分布区域中的一个因为扩张段壁面对于 SCFN 进口面的遮挡作用而逐渐消失，另一个的分布位置随着矢量角的偏转而随之移动；在更大的矢量角状态下，两个高密度电流密度分布区域均消失。

图 3-38 为 2GHz 垂直极化方式下偏航探测面内 0°探测角时不同俯仰矢量角 SCFN 壁面

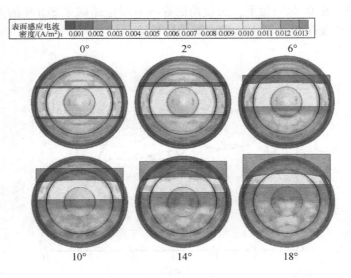

图 3-37　2GHz 水平极化方式下俯仰探测面内 0° 探测角时
不同俯仰矢量角 SCFN 壁面感应电流密度分布云图

感应电流密度分布云图。由图可知，非矢量状态下 SCFN 在中心锥表面存在两个高密度电流分布区域；随着矢量角的增加，这两个高密度电流分布区域中的一个因为扩张段壁面对于 SCFN 进口面的遮挡作用而逐渐消失，另一个的分布位置随着矢量角的偏转而随之移动；在更大的矢量角状态下，两个高密度电流密度分布区域均消失。

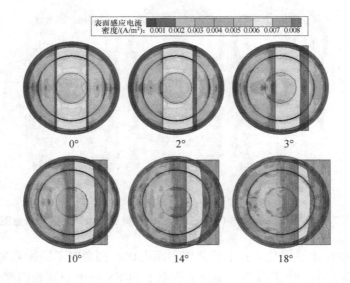

图 3-38　2GHz 垂直极化方式下偏航探测面内 0° 探测角时
不同俯仰矢量角 SCFN 壁面感应电流密度分布云图

　　表 3-7 为 2GHz 下不同俯仰矢量角 SCFN 的 RCS 无量纲均值。由表可知，SCFN 的 RCS 均值随着俯仰矢量角的增加而逐渐减小；当俯仰矢量角大于等于 14° 之后，SCFN 的

RCS 均值变化的幅度变小。俯仰矢量角对于 SCFN 的缩减作用在偏航探测面内的效果要优于在俯仰探测面内的效果。

表 3-7　2GHz 下不同俯仰矢量角 SCFN 的 RCS 无量纲均值

俯仰矢量角	水平极化俯仰探测面	垂直极化偏航探测面
0°	0.9307	1.0000
2°	0.8517	0.9250
6°	0.6375	0.4569
10°	0.5189	0.1768
14°	0.3104	0.1104
18°	0.2986	0.0988

（2）10GHz 时俯仰矢量角对电磁散射特性的影响

图 3-39 为 10GHz 水平极化方式下俯仰探测面内不同俯仰矢量角 SCFN 的 RCS 角向分布曲线。由图可知，在 X 波段俯仰角对于球面收敛二元矢量喷管矢量状态下的 RCS 角向分布规律的影响与 S 波段下完全不同。在 X 波段，不同矢量角 SCFN 的 RCS 角向分布曲线的主瓣并没有随着矢量角的增加而随之发生方位角的变化，这主要是因为在 X 波段下，入射电磁波的波长变短，腔体的后向 RCS 的主要贡献区域发生了变化。在负向探测角范围内，矢量状态下的喷管 RCS 要大于非矢量状态下的 SCFN 的 RCS 值；在-30°~-20°探测角范围内，14°俯仰矢量角的喷管的 RCS 值要大于其他喷管。在正向探测角范围内，矢量状态的喷管的 RCS 角向分布规律与非矢量状态的喷管的 RCS 角向分布规律接近，且在大部分正向探测角下，非矢量状态下喷管的 RCS 会大于矢量状态下的喷管 RCS，这主要是因为在正向探测角范围内，喷管的扩张段壁面对于喷管内壁面有一定的遮挡作用。

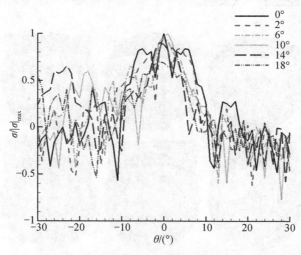

图 3-39　10GHz 水平极化方式下俯仰探测面内不同俯仰矢量角 SCFN 的 RCS 角向分布曲线

图 3-40 为 10GHz 垂直极化方式下偏航探测面不同俯仰矢量角 SCFN 的 RCS 角向分布曲线。由图可知，在偏航探测面内，非矢量状态下喷管的 RCS 值会大于矢量状态下喷管的 RCS 值；当矢量角小于 6°时，矢量状态下喷管的 RCS 角向分布规律与非矢量状态下喷管

航空发动机后向隐身特性分析

的分布规律相似，只有当探测角大于25°之后，矢量状态下喷管的 RCS 值才会明显小于非矢量状态下喷管的 RCS 值；当矢量角大于10°时，矢量状态下喷管的 RCS 角向分布规律与非矢量状态下喷管的 RCS 角向分布规律接近，其在不同探测角下的 RCS 值会随着矢量角的增加而逐渐减小。

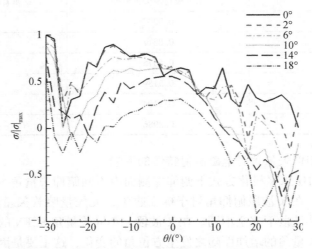

图 3-40　10GHz 垂直极化方式下偏航探测面内不同俯仰矢量角 SCFN 的 RCS 角向分布曲线

图 3-41 为俯仰探测面内 10°探测角下 SCFN 壁面照亮区域示意图。由图可知，随着俯仰矢量角的增加，SCFN 进口端面能够被入射电磁波直接照亮的区域面积随之减小。当 α = 14°时，入射电磁波仍能通过 SCFN 出口面进入 SCFN 内部，并与 SCFN 进口端面形成直接照射。当 α = 18°时，入射电磁波与 SCFN 扩张段壁面形成直接照射，能够进入 SCFN 腔体内部的电磁波至少经过了一次反射。

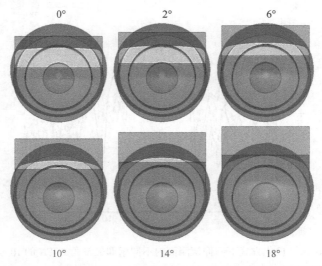

图 3-41　俯仰探测面内 10°探测角下 SCFN 壁面照亮区域示意图

图 3-42 为 X 波段、水平极化方式下俯仰探测面内 10°探测角时不同俯仰矢量角 SCFN 壁面表面感应电流密度分布云图。由图可知，在 SCFN 进口端面存在一个中等强度感应电

70

流分布区域，该区域随着俯仰矢量角的增加而逐渐移动并改变位置；在 X 波段下非矢量状态的 SCFN 壁面中等强度感应电流密度分布位置与 S 波段下存在较大的差异。随着俯仰矢量角的增加，喷管进口端面上的中等强度感应电流密度分布区域所占面积随之减小；当矢量角大于 10° 以后，该区域基本消失。

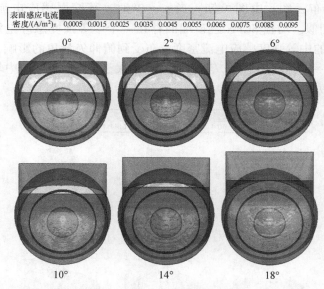

图 3-42　X 波段、水平极化方式下俯仰探测面内 10° 探测角时
不同俯仰矢量角 SCFN 壁面表面感应电流密度分布云图

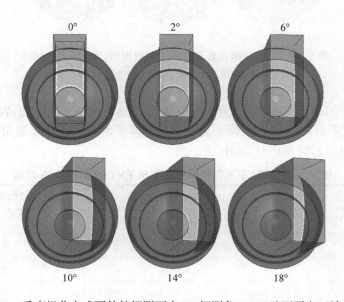

图 3-43　垂直极化方式下偏航探测面内 10° 探测角 SCFN 壁面照亮区域示意图

图 3-43 为垂直极化方式下偏航探测面内 10° 探测角 SCFN 壁面照亮区域示意图。由图可知，在该探测角度下，入射电磁波均可以通过 SCFN 出口面进入到 SCFN 内部，并与

SCFN 进口端面形成直接照射关系。随着俯仰探测角的增加，SCFN 进口端面直接照亮区域所占的面积随之减小。这说明，俯仰矢量角对于 SCFN 在偏航探测面内的初场电流的影响要小于俯仰探测面。

图 3-44 为 10GHz 垂直极化方式下偏航探测面内 10°探测角时不同俯仰矢量角 SCFN 壁面感应电流密度分布云图。由图可知，当 $\alpha = 2°$ 时，其壁面感应电流密度分布与基准 SCFN 的分布规律相似，均在 SCFN 进口端面存在一个中等强度感应电流分布。当 $\alpha = 6°$ 时，其进口端面上的中等强度感应电流密度分布受到俯仰矢量角的影响，分布位置发生偏转，且其强度也有一定程度的下降。当俯仰矢量角大于 10°之后，该中等强度感应电流密度分布区域随之消失。

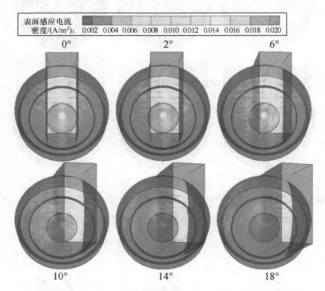

图 3-44   10GHz 垂直极化方式下偏航探测面内 10°探测角时
不同俯仰矢量角 SCFN 壁面感应电流密度分布云图

表 3-8 为 10GHz 下不同俯仰矢量角 SCFN 的无量纲 RCS 均值。由表可知，在 10GHz 下，SCFN 在偏航平面内的 RCS 均值要远大于在俯仰平面内。俯仰矢量角在 10GHz 下对于 SCFN 的 RCS 均值的影响规律与 2GHz 下一致。

表 3-8   10GHz 下不同俯仰矢量角 SCFN 的无量纲 RCS 均值 dBsm

俯仰矢量角	水平极化俯仰探测面	垂直极化偏航探测面
0°	0.2021	1.0000
2°	0.1632	0.9276
6°	0.1410	0.5701
10°	0.1774	0.3041
14°	0.1397	0.1153
18°	0.0579	0.0227

3.5.2.2　组合矢量角对喷管电磁散射特性影响分析

在本书中，按照均匀设计的思想，设计了 9 种不同俯仰矢量角和偏航矢量角组合而成的组合矢量角下的 SCFN。不同组合矢量角 SCFN 的俯仰矢量角和偏航矢量角如表 3-9 所示。9 种组合矢量角的 SCFN 的 CAD 模型如图 3-45 所示。结合上一小节中对 SCFN 在俯仰矢量状态下的计算与分析，选择组合 1、组合 3、组合 5、组合 7 以及组合 9 在 2GHz 和 10GHz 下的电磁散射特性进行了数值模拟与分析。探测角设置如下：俯仰平面 -30°～30°，偏航平面 -30°～30°，角度间隔均为 1°。

表 3-9　不同组合矢量角 SCFN 的俯仰矢量角和偏航矢量角

组合分类	俯仰矢量角	偏航矢量角
组合 1	2°	8°
组合 2	4°	16°
组合 3	6°	6°
组合 4	8°	14°
组合 5	10°	4°
组合 6	12°	12°
组合 7	14°	2°
组合 8	16°	10°
组合 9	18°	18°

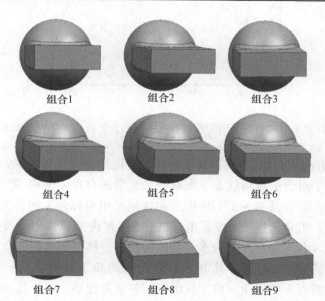

图 3-45　组合矢量角的 SCFN 的 CAD 模型示意图

（1）2GHz 时组合矢量角对电磁散射特性的影响

图 3-46 为 2GHz 水平极化方式下俯仰探测面内不同组合矢量角 SCFN 的 RCS 角向分布曲线。在这五种组合矢量角 SCFN 中，组合 1 的俯仰矢量角小于偏航矢量角，组合 3 和组合 9 的俯仰矢量角与偏航矢量角相同，组合 5 和组合 7 的俯仰矢量角大于偏航矢量角。由

图可知，在组合矢量角状态下，RCS 角向分布的主瓣峰值所在的探测角方位同时受俯仰矢量角和偏航矢量角的影响；组合 5 和组合 7 的主瓣峰值所在的探测角方位约等于它们的俯仰矢量角的大小，组合 3 和组合 9 的主瓣峰值在 0° 探测角附近，与基准 SCFN 的主瓣峰值所在的位置接近；组合 1 的 RCS 角向分布则没有较明显的主瓣存在。这说明球面收敛二元喷管在组合矢量状态下，某个方向下较大的矢量角对 RCS 在俯仰平面上的分布具有更大的影响。对于组合 3 和组合 9 这两种俯仰和偏航方向上矢量角相同的 SCFN 来说，其 RCS 分布规律与基准 SCFN 相似，但是没有基准 SCFN 的 RCS 分布所具有的对称性，这是因为 SCFN 自身的几何对称性在矢量状态下是不存在的；并且 SCFN 的 RCS 值随着矢量角的增大而减小。对于组合 1 而言，其 RCS 波动的范围较小，且其在正向探测角范围内的 RCS 值大于在负向探测角范围内的 RCS 值，这是因为其在偏航方向的矢量角偏向的方向在正向探测角区域下。对于组合 5 和组合 7 而言，其主瓣宽度要大于基准 SCFN 的主瓣宽度，且其在正向探测角区域内的 RCS 减小趋势要弱于在俯仰探测角下的趋势。

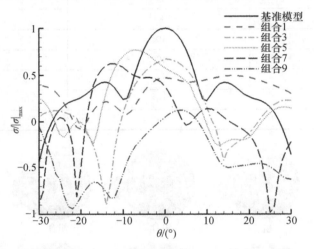

图 3-46　2GHz 水平极化方式下俯仰探测面内不同组合矢量角 SCFN 的 RCS 角向分布曲线

图 3-47 为 2GHz 垂直极化方式下偏航探测面不同组合矢量角 SCFN 的 RCS 角向分布曲线。由图可知，由于组合矢量角状态下偏航分矢量角的存在，使得 SCFN 关于偏航探测面的几何对称性消失，只有基准 SCFN 的 RCS 曲线显示出对称性，组合矢量角 SCFN 的 RCS 曲线则没有对称性。组合矢量角改变了电磁波在 SCFN 内部腔体中的传播路径，因此组合矢量角 SCFN 的 RCS 角向分布存在较多的波峰与波谷，体现了电磁波在腔体内部传播的复杂性。对于组合 1 的 SCFN 而言，其 RCS 在正向探测角下的值要大于在负向探测角下的值，这与在俯仰探测面下的规律一致，且由于其矢量角较小，因此其 RCS 曲线变化比较平缓。对于组合 3 和组合 9 而言，组合 3 的 SCFN 的 RCS 值在大部分探测角下要大于组合 9 的 SCFN 的 RCS 值，这主要是受到矢量角大小的影响。

图 3-48 为水平极化方式下俯仰探测面内 0° 探测角下不同组合矢量角 SCFN 壁面感应电流密度分布云图。由图可知，矢量角大小对于 SCFN 腔体内部壁面上高密度电流分布区域有直接的影响；在非矢量状态下和小矢量角下，高密度电流分布位置主要集中在中心锥表面区域，与俯仰矢量角状态不同，在组合状态下，在两个方向上的矢量角的共同作用下，其

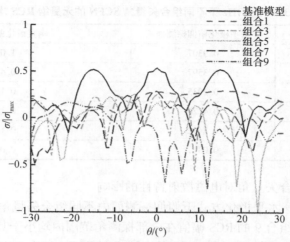

图 3-47 2GHz 垂直极化方式下偏航探测面内不同组合矢量角
SCFN 的 RCS 角向分布曲线

高密度电流分布区域位置与俯仰矢量角的影响存在差异，组合 1 的 SCFN 与相同矢量角的单俯仰矢量角 SCFN 相比，在偏航矢量角偏向的方向存在高密度电流分布区域；在大矢量角状态下，SCFN 喷管的扩张段壁面会对喷管内部壁面和进口面区域有一定的遮挡作用，因此在SCFN 进口区域，高密度电流分布区域面积变小；在组合 9 的 SCFN 的扩张段壁面上出现高密度电流分布区域，这是因为在大角度下，扩张段壁面是被电磁波直接照射的区域。

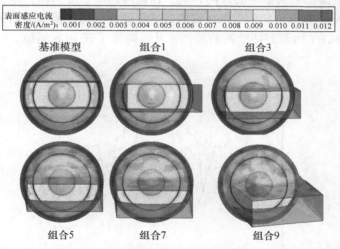

图 3-48 水平极化方式下俯仰探测面内 0° 探测角下不同组合矢量角
SCFN 壁面感应电流密度分布云图

表 3-10 为 2GHz 下不同组合矢量角 SCFN 的无量纲 RCS 均值。由表可知，在两个平面的矢量角的共同遮挡作用下，在两个探测面内对 SCFN 的后向 RCS 的缩减作用均十分明显。组合 9 下 SCFN 的 RCS 均值最小，这主要是因为组合 9 下在两个平面内均具有较大的矢量角，对 SCFN 内部壁面的遮挡作用体现得较为明显。组合 3、组合 5 以及组合 7 则是在俯仰探测面内的 RCS 均值大于偏航探测面内的 RCS 均值。

表 3-10　2GHz 下不同组合矢量角 SCFN 的无量纲 RCS 均值　　　　　　dBsm

组合分类	水平极化俯仰探测面	垂直极化偏航探测面
0°	0.9307	1.0000
组合 1	0.3597	0.4702
组合 3	0.2935	0.1718
组合 5	0.4226	0.1107
组合 7	0.2492	0.1300
组合 9	0.0317	0.0661

（2）10GHz 时组合矢量角对电磁散射特性的影响

图 3-49 为 10GHz 水平极化方式下俯仰探测面内不同组合矢量角 SCFN 的 RCS 角向分布曲线。由图可知，组合 9 的 RCS 幅值在全部探测角范围内均小于其他四种组合矢量角的 SCFN 的 RCS 幅值及基准 SCFN 的 RCS 幅值，这主要是因为组合 9 在两个平面内的矢量角角度均是最大的，只有在部分探测角下入射电磁波才可以直接进入 SCFN 腔体内部，并与内部壁面形成直接照射关系。五种组合矢量角模型在负向探测角范围内的 RCS 幅值均大于其在正向探测角范围内的 RCS 幅值，这主要是因为组合矢量状态下的 SCFN 受俯仰平面内矢量角的影响。不同的俯仰平面矢量角对于在正、负向探测角范围内的 RCS 幅值差存在不同的影响。在 0° 探测角附近，除组合 9 之外的四种组合矢量角 SCFN 的 RCS 幅值与基准 SCFN 的 RCS 幅值接近，但是其 RCS 角向分布与基准 SCFN 的 RCS 角向分布存在差异，这主要是因为两个平面内的矢量角的共同影响。在正向探测角范围内，基准 SCFN 的 RCS 幅值大于五种组合矢量角的 SCFN 的 RCS 幅值，这主要是因为在俯仰平面的分矢量角在矢量状态下形成了对 SCFN 内部腔体壁面的遮挡，从而降低了其 RCS 幅值。

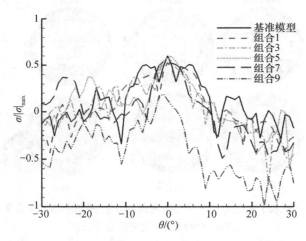

图 3-49　10GHz 水平极化方式下俯仰探测面内不同组合矢量角 SCFN 的 RCS 角向分布曲线

图 3-50 为 10GHz 垂直极化方式下偏航控制面不同组合矢量角 SCFN 的 RCS 角向分布曲线。由图可知，在垂直极化方式下，组合 9 的 RCS 幅值在全部探测角范围内是最小的，这与在水平极化方式下组合 9 的 RCS 幅值表现一致，说明在大角度矢量状态下，SCFN 具有较小的可探测性。在 -20°~20° 探测角范围内，基准 SCFN 的 RCS 幅值大于组合矢量状

态下的 SCFN 的 RCS 幅值，矢量与非矢量状态下的 RCS 幅值差在 –15°～–5° 及 5°～15° 探测角范围内体现得较为明显。组合矢量状态下的 SCFN 的 RCS 幅值在正、负向探测角范围内的差异并不像在水平极化方式下那样明显，这说明组合矢量角下的偏航平面的矢量角对于 RCS 的影响较小。

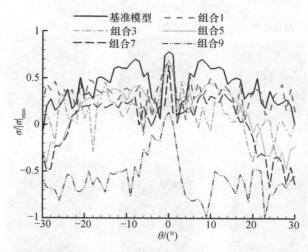

图 3-50　10GHz 垂直极化方式下偏航探测面不同组合矢量角 SCFN 的 RCS 角向分布曲线

　　图 3-51 为 10GHz 水平极化方式下俯仰探测面内 20° 探测角时不同组合矢量角 SCFN 壁面直接照亮区域示意图。由图可知，在 20° 探测角下，入射电磁波能够直接照亮的区域主要是扩张段壁面，能够进入到 SCFN 内部腔体的电磁波至少需经过一次反射。在不同的组合矢量角下，SCFN 壁面能够直接被照亮的区域的面积均小于基准 SCFN 壁面能够直接被照亮的区域的面积。

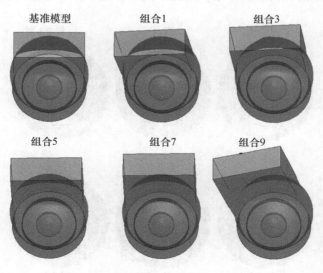

图 3-51　10GHz 水平极化方式下俯仰探测面内 20° 探测角时不同组合矢量角
SCFN 壁面直接照亮区域示意图

图 3-52 为 10GHz 水平极化方式下俯仰探测面内 20°探测角时不同组合矢量角 SCFN 壁面感应电流密度分布云图。由图可知，组合 9 壁面上的感应电流密度要小于其他四种组合矢量状态下的 SCFN 壁面感应电流密度以及基准 SCFN 壁面感应电流密度。

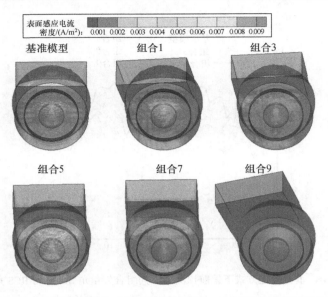

图 3-52　10GHz 水平极化方式下俯仰探测面内 20°探测角时不同组合矢量角
SCFN 壁面感应电流密度分布云图

图 3-53 为 10GHz 垂直极化方式下偏航探测面 0°探测角不同组合矢量角 SCFN 壁面照亮区域示意图。由图可知，在 0°探测角下，组合矢量角状态下的 SCFN 扩张段壁面对于喷管进口端面具有一定的几何遮挡作用，因此不同组合角 SCFN 的进口端面上能够被入射电

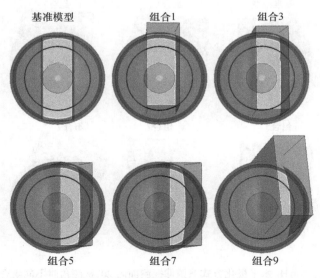

图 3-53　10GHz 垂直极化方式下偏航探测面 0°探测角不同组合矢量角
SCFN 壁面照亮区域示意图

磁波直接照亮的区域面积不同。其中，俯仰平面内的矢量角对于 SCFN 进口端面的遮挡作用体现得较为明显。随着组合矢量角内分矢量角的增大，SCFN 扩张段壁面上的一部分区域也处在入射电磁波的直接照射下。

图 3-54 为 10GHz 垂直极化方式下偏航探测面 0°探测角不同组合矢量角 SCFN 壁面感应电流密度分布云图。由图可知，组合 1 的 SCFN 和基准 SCFN 的进口端面上中等强度感应电流分布的区域相似，但是由于组合 1 中同时具有偏航平面的分矢量角，因此组合 1 中被扩张段侧壁面遮挡的一部分进口端面上的中等强度感应电流分布消失。在组合 3 的进口端面上仍存在中等强度的感应电流分布，受矢量角的影响，该分布所处的位置会发生一定的偏移。其他三种组合矢量角的 SCFN 壁面上感应电流密度较低，且进口端面没有明显的高强度感应电流密度分布。

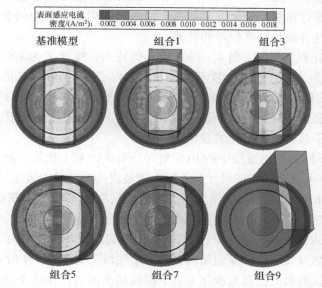

图 3-54　10GHz 垂直极化方式下偏航探测面 0°探测角不同组合
矢量角 SCFN 壁面感应电流密度分布云图

表 3-11 为 10GHz 不同组合矢量角 SCFN 的无量纲 RCS 均值。由表可知，在 10GHz 时，基准 SCFN 的 RCS 均值表现出明显的极化特性，其在俯仰探测面内的 RCS 均值要明显小于其在偏航探测面内的 RCS 均值。

表 3-11　10GHz 不同组合矢量角 SCFN 的无量纲 RCS 均值

组合分类	水平极化俯仰探测面	垂直极化偏航探测面
基准	0.2021	1.0000
组合 1	0.1079	0.2670
组合 3	0.1387	0.1205
组合 5	0.1713	0.1539
组合 7	0.1287	0.0563
组合 9	0.0021	0.0007

3.6　小结

本章首先研究了四种不同种类的航空发动机排气系统的气动性能和电磁散射特性，开发了基于 CAD 软件二次开发接口的 SCFN 参数化设计程序，采用本书介绍的 IPO 方法对 SCFN 在不同电磁波段下的 RCS 辐射特性以及壁面不同区域对 SCFN 后向雷达波电磁散射的贡献进行了研究。在此基础上，研究了不同矢量状态下 SCFN 的气动特性及在 S 波段、X 波段下的气动和电磁散射特性。

（1）对比分析了轴对称喷管、二元圆转方喷管、球面收敛二元喷管以及 D 形喷管在相同的几何参数下和进气条件下的气动性能和雷达波散射性能。通过研究表明：在雷达散射特性方面，D 形喷管在两个极化方式下两个探测面内均具有最小的 RCS 均值；SCFN 在气动和雷达散射特性方面均具有较好的性能。

（2）采用参数化设计思想，针对 SCFN 的几何特点，推导了 SCFN 主要几何参数与控制点之间的数学规律，基于 CAD 二次开发接口，开发了适用于 SCFN 的参数化设计程序。

（3）SCFN 在俯仰矢量状态下，在几何矢量角大于 2° 后，SCFN 的气动矢量角均落后于其相应的几何矢量角；SCFN 在偏航矢量状态下，当几何矢量角大于 14° 后，SCFN 的气动矢量角开始落后于其相应的几何矢量角。

（4）SCFN 在不同的电磁波段下的 RCS 角向分布规律基本相似；随着入射电磁波频率的提升，SCFN 腔体内部部件特征尺寸与入射电磁波之间的比值也发生了变化，SCFN 的后向 RCS 波动增强，RCS 幅值也随之增加。入射电磁波频率不仅影响其后向 RCS 幅值和角向分布规律，对 SCFN 腔体壁面的感应电流密度分布也同样存在影响。

（5）在不同的入射电磁波频率下，SCFN 不同壁面区域对于其后向 RCS 的贡献是各不相同的。在水平极化方式下俯仰探测面内，在两个波段下对于 SCFN 后向 RCS 占据最主要贡献的区域是扩张段壁面。在垂直极化方式下偏航探测面内，在两个波段下，壁面各个区域均对后向 RCS 起到了相当大的作用。

（6）在俯仰矢量状态下，当入射频率为 2GHz 时，不同俯仰矢量角下的 SCFN 在俯仰平面内的 RCS 角向分布曲线的分布规律会随着矢量角的变化而逐渐偏移，当入射频率为 10GHz 时，则无此现象出现。在两个入射频率下，SCFN 在两个平面内的 RCS 均值均会随着矢量角的增加而逐渐减小；俯仰矢量角对于 SCFN 的缩减作用在偏航探测面内的效果要优于在俯仰探测面内。在组合矢量状态下，SCFN 的 RCS 幅值受两个平面内的矢量角的共同作用，不同组合矢量角 SCFN 的 RCS 曲线分布规律差异较大，SCFN 的后向 RCS 变化受俯仰平面内的矢量角的影响更大。组合 9 在两个入射频率下的 RCS 均值均最小。在矢量状态下，SCFN 的扩张段壁面能够对其腔体内部壁面形成一定的几何遮挡，从而降低了其后向的 RCS 幅值。

参考文献

[1] 张筱筱. D 形矢量喷管的设计及隐身性能研究 [D]. 西安：西北工业大学，2017.

[2] 孟祥旭，徐延宁. 参数化设计研究 [J]. 计算机辅助设计与图形学学报，2002，14（11）：1086-1090.

[3] 潘国义，韩军，冯虎田. 基于 Open CASCADE 的滚珠丝杠参数化设计研究 [J]. 机械制造与自动化，

2015（1）：9-12.

[4] 徐丽娜，刘海华，赵献．基于 NX 平台的渐开线齿轮参数化设计研究 [J]．现代制造工程，2014（7）：65-67.

[5] 张乐林，祝锡晶，叶林征．基于 UG 二次开发的参数化建模方法 [J]．计算机系统应用，2016，25（1）：146-149.

[6] 刘竞志，阎长罡．基于 NX 二次开发的直纹面叶片造型技术 [J]．机械工程师，2017（7）：19-21.

第4章　RCS缩减措施应用与影响分析

为了实现缩减目标雷达截面积的目的，需要确定目标的主要散射源的分布。对于散射源，需要重点关注在较宽的角度范围内能够产生高振幅反射的散射源。降低目标表面反射强度的主要技术措施有两种：外形修形技术和雷达吸波材料涂覆技术。外形修形技术的基本思想是使雷达电磁波的主要反射方向偏离威胁方向的雷达接收机[1,2]。雷达吸波材料是通过吸收入射的雷达波的能量从而减小反射回雷达的电磁波能量。吸波材料吸收的雷达波能量被转换成欧姆损耗从而被吸收[3,4]。

在排气系统的后向电磁散射中，腔体散射占据了最主要的贡献。这部分贡献是无法通过外形修形完全消除的。因此针对排气系统的RCS缩减，需要结合吸波材料的使用[5]。

在本章中，将以SCFN为目标开展针对排气系统的主要RCS缩减措施的缩减效果的数值模拟计算研究；在此基础上，开展了吸波材料应用中遇到的脱落的实际问题数值模拟仿真。

4.1　发动机尾喷管腔体常用RCS缩减措施简介

排气系统是飞行器后向最重要的雷达散射源，对实现飞行器全方位雷达隐身具有重大影响。其外形布局是影响其目标特征的重要因素之一，外形的影响主要体现在两个方面：一是在相同的条件下，不同的布局形式所具有自身目标特征；二是不同布局形式能够提供的目标特征缩减潜力。

对于排气系统来说，尾喷管的腔体散射在后向散射中占主导地位，且这种腔体散射无法完全靠外形设计来消除，在外形设计的基础上，需要考虑采用吸收电磁波的方式完成[6,7]。

4.1.1　外形修形

在气动力允许的条件下，改变飞机的外形，使其在特定角域范围内的RCS显著降低的技术称为外形隐身技术，或低RCS外形技术。例如，用倾斜的平板组成的多面体机身代替常规的曲面机身，可将入射到机身的大部分雷达波能量反射到其他方向，而直接返回到雷达方向的能量很小，可显著降低机身的RCS。外形隐身技术是通过改变飞行器的外形，使重点姿态角域内的RCS降低。这种隐身技术的优点是能在常规飞行器散射基础上大大降低飞行器的RCS，缺点是外形设计受到气动、结构、尺寸等的限制[8,9]。

航空发动机排气系统的主要型面是腔体的几何型面，腔体的几何型面设计受到多种因素的制约，如飞行器的后向红外隐身特性和发动机推力损失。常用的航空发动机排气系统外形修形手段主要是在考虑与后机身进行融合的基础上，对发动机喷管出口进行修形。修形的目的不在于让所有入射角的RCS都减小，而在于在探测威胁较大的角域范围内，雷达截面积减小。从 B-2、F-117A、F-22 以及 F-35 等隐身飞机的喷管出口形状可以看出，针对发动机喷管出口的隐身修形主要存在两种形式：一是对喷管出口进行切斜以满足机身/排气系统一体化；二是对喷管出口进行锯齿修形，而锯齿修形要满足平行设计原则[10,11]。

平行设计原则是飞行器隐身设计中的一个重要原则。一般意义上平行设计原则是对飞机上的棱边的俯视投影进行平行设计。在平行设计时，需要结合飞机所受的雷达波探测威胁扇区来确定具体的角度设置。飞机上有大量的棱边，包括机翼和尾翼的边缘、翼尖、进气道唇口、喷管出口等。棱边散射是飞机上强散射源之一，对其进行平行设计能够减少雷达波散射波峰数量[12,13]。

4.1.2　雷达吸波材料原理及分类

雷达吸波材料是通过吸收入射雷达波的能量来减小反射回雷达的电磁波能量。与电流通过电阻时电能转换成热能耗散一样，雷达波能量通过吸波材料时被转换成欧姆损耗而被吸收掉。由于照射到飞行器上的雷达波是其整个辐射能量中非常小的一部分，辐射能量很低，因此绝大多数吸波材料在受到雷达波照射时并没有因为能量的吸收而出现可检测的明显温升。

吸波材料按其对电磁的损耗机理分为电吸收吸波材料和磁吸收吸波材料。电吸收吸波材料的吸收剂大多采用导电炭黑或石墨，而磁吸收吸波材料则通常采用铁的化合物和混合物，如铁氧体或羰基铁等。若按照吸波材料的吸收带宽则可分为窄带类和宽带类。窄带吸波材料又称为谐振式吸波材料，通常只能在一个或多个离散频率上满足要求；宽带吸波材料通常由吸波材料单元组合而构成，使之在一个相对宽的频率范围内具有良好的吸波特性。如从吸波材料的使用方式来看，又可分为表面涂覆型吸波材料和结构型吸波材料。涂覆型吸波材料层覆盖在目标的金属表面部分，不参与结构受力，在飞行器表面涂敷特制材料，使入射雷达波被吸收，进而减小雷达回波功率，达到隐身的目的。涂覆型吸波材料的优点是能够在不改变飞机外形或外形改变不大的情况下实现隐身。

结构型吸波材料是将吸收剂加入复合材料之中制成的既具有吸波性能又具有一定力学性能的材料。结构型吸波材料可用来制造飞行器前缘、腹鳍等既参与结构受力又有吸波性能要求的部件[14~20]。

雷达吸波材料对雷达波的吸收性能取决于材料的介电常数 ε 和磁导率 μ。为了方便表述不同材料的吸波性能，引入相对介电常数 ε_r 和相对磁导率 μ_r、自由空间介电常数 ε_0 和磁导率 μ_0 来表征复数形式的介电常数 ε 和磁导率 μ。介电常数 ε 和磁导率 μ 可表示为

$$\varepsilon = \varepsilon' - j\varepsilon'' = \varepsilon_0(\varepsilon'_r - j\varepsilon''_r)$$
$$\mu = \mu' - j\mu'' = \mu_0(\mu'_r - j\mu''_r)$$

式中：$\varepsilon_r = \dfrac{\varepsilon}{\varepsilon_0}$，$\mu_r = \dfrac{\mu}{\mu_0}$。

雷达吸波材料吸收的微波能量以分子摩擦产生热能的方式耗散。由于微波能量转化为分子偶极子振荡，因此损耗部分是由介电常数 ε 和磁导率 μ 的虚部确定的，即损耗正切，即

$$\tan \delta_\varepsilon = \frac{\varepsilon''}{\varepsilon'}$$

$$\tan \delta_\mu = \frac{\mu''}{\mu'}$$

损耗正切是用于度量微波在介质中传播的损耗。损耗正切值一般在 $0.001 \sim 0.1$ 范围内,以 dB/m 为单位来衡量,它对微波的衰减是一个小量。在满足阻抗匹配的条件下,复介电常数 ε 和磁导率 μ 的虚部越大,其损耗就越大,有利于电磁波的吸收。

为了将雷达波引入吸波材料内部并将其能量耗散掉,吸波材料一般应具备两个特性,即阻抗匹配特性和衰减特性。阻抗匹配特性就是创造一定的边界条件使入射电磁波在材料介质表面的反射率最小,从而尽可能地减少入射雷达波在吸波材料介质表面的反射,使之尽可能地进入吸波材料内部;而衰减特性是指吸波材料对在其内部传播的电磁波的耗散特性,将进入吸波材料内部的雷达波能量耗散掉的能力。

(1)阻抗匹配特性

实现阻抗匹配特性的方法是通过采用特殊的边界条件来达到与空气阻抗相匹配。以雷达波从自由空间垂直入射到介质表面这种最为简单的情况来说明吸波材料的阻抗匹配特性。

雷达波在自由空间和介质表面的振幅反射率 ρ 可以表示为

$$\rho = \frac{\eta - \eta_0}{\eta + \eta_0}$$

$$\rho = \frac{Z_n - \eta_0}{Z_n + \eta_0}$$

式中:η ——吸波材料的相对本性阻抗;

$\quad \eta_0$ ——自由空间的相对本性阻抗;

$\quad Z_n$ ——第 n 层的表面相对阻抗。

为了使 $\rho = 0$,则需要 $\eta = \eta_0$。

$$\eta_0 = \sqrt{\frac{\mu_0}{\varepsilon_0}}$$

$$\eta = \sqrt{\frac{\mu_r}{\varepsilon_r}}$$

当介质层有损耗时,相对磁导率和相对介电常数应为复数,可得 $\mu_r = \varepsilon_r$。要使直射电磁波完全进入吸波材料,那么吸波材料的相对磁导率和相对介电常数要相等。

(2)衰减特性

衰减特性是指进入材料内部的电磁波因损耗而被吸收。为了实现这个目的,需要使材料具有足够大的介电常数虚部或足够大的磁导率虚部,但这两个要求经常是互相矛盾的。

为了提高 ε'' 和 μ'',基本途径是提高介质电导率,增加极化"摩擦"和磁化"摩擦",同时还要满足阻抗匹配条件,使雷达波在界面不反射而进入介质内部被吸收。对单一组元的吸收体,阻抗匹配和强衰减特性要同时满足是很难实现的。因此,需要进行材料多元复合,以便对电磁参数进行调整,使之尽可能在匹配的条件下,提高吸收损耗能力。

目前,雷达吸波材料主要存在以下三种应用类型:吸波型、谐振或干涉型以及衰减型。

（1）吸波型

①介电吸波型

介电吸波材料通常由吸波剂和基体材料组成，通过在基体树脂中添加损耗性吸波剂制成导电材料。目前，常用的吸波剂有碳纤维、石墨纤维、金属粒子等。吸波剂依靠电阻来损耗入射电磁波能量，把入射电磁波携带的电磁能量转化成热能散发掉。在吸波材料设计和制作阶段，可以通过调整不同电性能吸波剂的分布达到其介电性能随其厚度和深度变化的目标。

②磁性吸波型

磁性吸波剂主要由铁氧体和稀土元素等制成。磁性吸波型的基体聚合物材料一般由合成橡胶、聚氨酯或其他树脂基体组成，包括聚异戊二烯、聚氯丁橡胶、丁腈橡胶、硅树脂和其他热塑性或热固性树脂等。在该类型吸波材料制备期间，通过控制磁性和材料厚度，使吸波材料具有较高的磁导率。当电磁波作用于磁性吸波材料时，可使其电子产生自旋运动，在特定的频率下发生铁磁共振，并强力吸入电磁能量。设计良好的磁性吸波材料可以在特定的频率上，使入射电磁波衰减 20~25dBsm。

（2）谐振型

谐振型又称干涉型吸波材料，是通过对电磁波的干涉相消原理来实现对回波的缩减。当入射雷达波到达吸波材料表面时，部分电磁波从表面直接反射，另一部分透过吸波材料从底部发射。当入射波与反射波相位相反、振幅相同时，二者就会相互干涉、能量抵消，从而使雷达回波能量被衰减掉。

（3）衰减型

衰减型吸波材料的结构形式一般为把蜂窝结构的吸波材料夹在非金属材料透波板材中间，这种结构形式既能使电磁波发生衰减、散射，同时又可承受一定的载荷。在聚氨酯泡沫蜂窝状结构中，通常添加石墨、碳和羰基铁粉等吸波剂，这样可以使入射电磁波能量部分被吸收，部分在蜂窝芯材中经历多次反射干涉而衰减，最后达到相互抵消的目的。

4.2　外形修形对喷管电磁散射特性影响分析

4.2.1　斜切修形对 SCFN 的 RCS 影响分析

对 SCFN 的扩张段出口部分进行斜切修形，如图 4-1 所示。斜切角度为 10°~30°，角度间隔 10°。计算条件设置如下：计算频率 10GHz，俯仰探测面 -30°~30°，偏航探测面 0°~30°，角度间隔 1°。

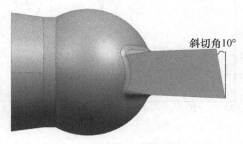

图 4-1　SCFN 斜切修形示意图

 图 4-2 为水平极化方式下俯仰探测面不同斜切 SCFN 的 RCS 角向分布曲线。由图可知，在 -30°~30° 探测角范围内，斜切修形破坏了 SCFN 在后向的 RCS 角向分布的对称性，斜切后喷管在较大的正向探测角范围内的 RCS 幅值大于在负向探测角范围内的 RCS 幅值。在 -10°~10° 探测角范围内，斜切修形对于腔体 RCS 的影响较小，这主要是因为在该探测角范围内，斜切对腔体内壁面之间的几何关系并没有发生较大的影响。在 -30°~-10° 探测角范围内，斜切 SCFN 与基准 SCFN 的 RCS 幅值相差较小，与基准 RCS 的差异主要是 RCS 峰值对应的探测角所在的方位角。在 10°~30° 探测角范围内，斜切修形对于 SCFN 腔体的主要影响体现在 RCS 幅值上，斜切修形后 SCFN 与基准喷管的 RCS 幅值差别变大，这主要是因为斜切修形改变了 SCFN 扩张段上壁面的长度，进而改变了扩张段上壁面在该探测角范围内与腔体内壁面的几何遮挡关系。

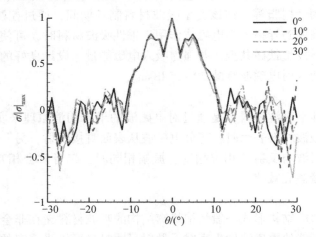

图 4-2　水平极化方式下俯仰探测面不同斜切 SCFN 的 RCS 角向分布曲线

 图 4-3 为垂直极化方式下偏航探测面不同斜切角 SCFN 的 RCS 角向分布曲线。由图可知，斜切修形对于 SCFN 偏航平面的 RCS 角向分布的影响较小，不同斜切角度的 SCFN 的后向 RCS 角向分布规律接近，幅值相差较小，这主要是因为斜切修形对 SCFN 扩张段侧壁

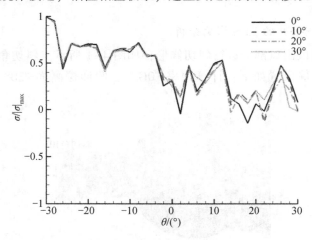

图 4-3　垂直极化方式下偏航探测面不同斜切角 SCFN 的 RCS 角向分布曲线

面的面积影响较小，在小角度下对入射电磁波的影响较小。在 15°~30° 探测角范围内，不同斜切喷管的后向 RCS 幅值与基准喷管的后向 RCS 幅值差异增大，斜切会增大 SCFN 的后向 RCS 幅值，这主要是因为修形减小了扩张段侧壁面的长度，从而改变了电磁波在腔体内部的传播路径。

图 4-4 为水平极化方式下俯仰探测面内 15° 探测角下 SCFN 的壁面感应电流密度分布云图。由图可知，斜切修形对于壁面高密度感应电流分布区域的位置影响较小，在该探测角下，SCFN 壁面的高密度感应电流分布主要集中在喷管进口端面靠近收敛段侧壁面的位置，这主要是因为喷管的进口端面和侧壁面构成了一个二面角结构，二面角结构是电磁波的强反射构型之一。在该探测角下，斜切修形对 SCFN 扩张段上壁面的面积的缩减导致与喷管腔体内壁面之间遮挡关系的变化体现得并不明显。

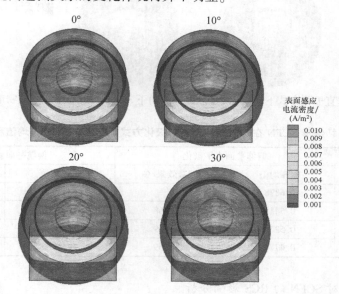

图 4-4   水平极化方式下俯仰探测面内 15° 探测角下 SCFN 的壁面感应电流密度分布云图

图 4-5 为垂直极化方式下偏航探测面内 15° 探测角下 SCFN 的壁面感应电流密度分布云图。由图可知，在偏航平面可以看到斜切修形对 SCFN 扩张段侧壁面面积的修改进而导致的扩张段侧壁面与喷管腔体内部壁面之间的遮挡关系的改变，但是这种改变从遮挡面积上来看影响是较小的，相比俯仰探测面更不明显。在该探测角下，SCFN 壁面的高密度感应电流分布区域主要集中在中心锥侧壁面位置，且该区域面积较小，这是因为中心锥侧壁面区域直接受入射电磁波照射且其自身曲率较大，SCFN 进口端面上则存在一个中等强度感应电流密度分布区域。在 $\theta = 15°$ 下，斜切修形对于 SCFN 内部腔体的感应电流密度分布的影响较小。

表 4-1 为斜切修形 SCFN 在不同探测面不同极化方式下的无量纲 RCS 均值和缩减效果，其中俯仰平面均值计算范围为 -30°~30°，偏航平面均值计算范围为 0°~30°。由表可知，斜切修形在两个探测平面内均能降低 SCFN 的后向 RCS 均值，其中在俯仰探测面下的 RCS 缩减能力要大于在偏航探测面下的缩减能力。SCFN 的 RCS 均值会随着斜切角度的增加而逐渐下降，30° 斜切 SCFN 具有最小的 RCS 均值。

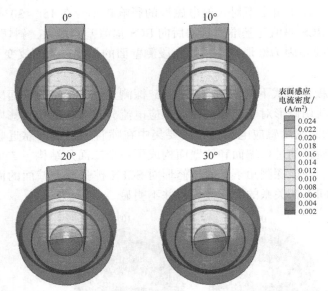

图 4-5　垂直极化方式下偏航探测面 15° 探测角下 SCFN 的壁面感应电流密度分布云图

表 4-1　斜切修形 SCFN 在不同探测面不同极化方式下的无量纲 RCS 均值和缩减效果

斜切角度	俯仰平面水平极化		偏航平面垂直极化	
	RCS 均值	缩减效果/%	RCS 均值	缩减效果/%
0°	0.6878		1.0000	
10°	0.5455	−20.68	0.9659	−3.41
20°	0.5276	−23.29	0.9360	−6.40
30°	0.4774	−30.59	0.9362	−6.38

4.2.2　锯齿修形对 SCFN 的 RCS 影响分析

本书参照美国 F-22 战斗机采用的 F119 发动机喷管出口锯齿的形式，对 SCFN 扩张段壁面进行了相应的锯齿修形，锯齿采用向内修形，以保持喷管的长度一致。喷管出口处有一个大齿，研究了齿尖角度对于喷管后向 RCS 的影响。齿角度变化范围为 100°~120°，角度间隔 10°。锯齿修形后的 SCFN 如图 4-6 所示。

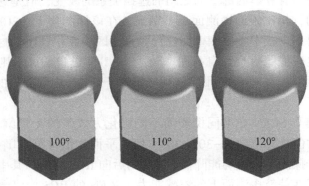

图 4-6　经锯齿修形的 SCFN 几何示意图

　　图 4-7 为水平极化方式下俯仰探测面内不同锯齿修形 SCFN 的 RCS 角向分布曲线。由图可知，锯齿修形对于 SCFN 后向 RCS 的影响与斜切修形的影响规律相似，锯齿对于 SCFN 的影响主要体现在较大的探测角范围内。在 0°~15° 探测角范围内，基准喷管的 RCS 幅值大于锯齿修形之后腔体 RCS 幅值，这主要是因为锯齿修形减小了扩张段壁面的面积。在 15°~30° 探测角范围内，锯齿修形后的 SCFN 与基准喷管的 RCS 幅值及角向分布规律差异较大，这主要是因为修形缩减了扩张段的面积，在较大的探测角范围内对电磁波在腔体内部的传播路径存在影响。

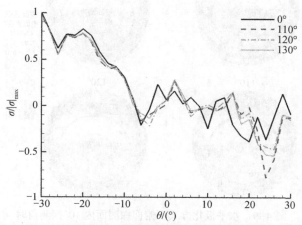

图 4-7　水平极化方式下俯仰探测面内不同锯齿修形 SCFN 的 RCS 角向分布曲线

　　图 4-8 为垂直极化方式下俯仰探测面内不同锯齿修形 SCFN 的 RCS 角向分布曲线。由图可知，在大部分探测角范围内，基准喷管的 RCS 幅值都会大于锯齿修形后的 SCFN 的 RCS 幅值，这说明锯齿修形对于喷管后向 RCS 存在一定的缩减作用。只有在小部分探测角如 14° 和 25° 探测角附近，锯齿修形后的喷管 RCS 幅值会大于基准喷管 RCS 幅值。三种锯齿修形的 SCFN 的后向 RCS 角向分布规律接近，RCS 幅值相差不大；在大部分探测角范围内，100° 锯齿修形的 SCFN 具有较小的 RCS 幅值。

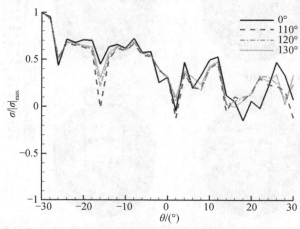

图 4-8　垂直极化方式下俯仰探测面内不同锯齿修形 SCFN 的 RCS 角向分布曲线

　　图 4-9 为水平极化方式下俯仰探测面内 10° 探测角时 SCFN 壁面感应电流密度分布云

图。由图可知,锯齿修形对于喷管壁面上的高密度感应电流分布的区域位置及面积影响较小,但是锯齿修形会在一定程度上略微降低高密度感应电流分布区域的强度。锯齿修形会缩短扩张段上下壁面的长度,在该探测角下,缩短的扩张段壁面对于喷管腔体内壁面的遮挡作用改变得并不明显。

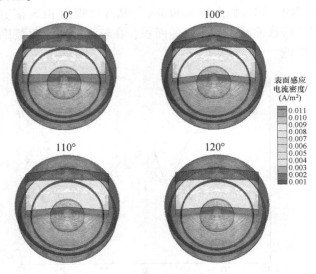

图 4-9　水平极化方式下俯仰探测面内 10° 探测角时
SCFN 壁面感应电流密度分布云图

图 4-10 为垂直极化方式下偏航探测面内 20° 探测角时 SCFN 壁面感应电流密度分布云

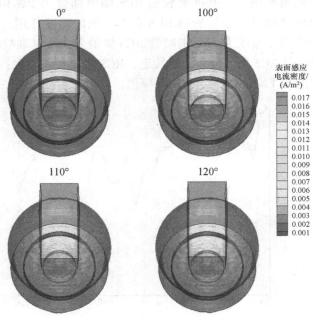

图 4-10　垂直极化方式下偏航探测面内 20° 探测角时
SCFN 壁面感应电流密度分布云图

图。由图可知，锯齿修形改变了喷管扩张段侧壁面的长度，进而改变了对喷管腔体内壁面之间的遮挡关系，随着锯齿角度的增加，扩张段侧壁面对于腔体进口端面的遮挡作用随之减小。

表4-2为锯齿修形SCFN在不同探测面不同极化方式下的无量纲RCS均值及缩减效果。由表可知，锯齿修形对于SCFN具有一定的RCS缩减作用，锯齿修形可相比基准SCFN减少至少10%的RCS。100°锯齿修形具有最好的RCS缩减效果，在两个探测面内的两种极化方式下均能保证16.43%以上的RCS缩减效果；SCFN的RCS均值随着锯齿角度的增加而逐渐增大。

表4-2　锯齿修形SCFN在不同探测面不同极化方式下的无量纲RCS均值及缩减效果

角度	水平极化俯仰平面		垂直极化偏航平面	
	RCS均值	缩减效果/%	RCS均值	缩减效果/%
0°	0.6878	—	1.0000	—
100°	0.5537	−19.49	0.8357	−16.43
110°	0.5828	−15.26	0.8700	−13.00
120°	0.5937	−13.69	0.8883	−11.17

4.3　吸波材料涂覆方案对SCFN的RCS影响分析

在本小节中以SCFN为研究对象，研究了不同涂覆方案对于其后向RCS的影响规律。由于SCFN内部的结构没有被完全几何遮挡，因此在设计介质涂覆方案时，需要考虑中心锥外表面和混合器内外壁面。根据SCFN自身的几何特征，将其壁面分为三个区域（如图4-11所示），共设计了9种涂覆方案（如表4-3所示）。

图4-11　SCFN涂覆位置示意图

表4-3　涂覆方案示意表

涂覆方案	区域1	区域2	区域3	中心锥	混合器	涂覆面积比例
Model 0	○	○	○	○	○	0
Model 1	○	●	○	○	○	0.2587
Model 2	●	●	●	●	●	1
Model 3	○	○	●	●	●	0.1922

表4-3（续）

涂覆方案	区域1	区域2	区域3	中心锥	混合器	涂覆面积比例
Model 4	○	○	●	○	○	0.1318
Model 5	●	○	○	○	○	0.4173
Model 6	○	●	●	○	○	0.3905
Model 7	●	●	○	○	○	0.6760
Model 8	●	●	●	○	○	0.8078
注：○代表无吸波涂层涂覆；●代表有吸波涂层涂覆。						

在这9种涂覆方案中，Model 0为无涂覆的基准模型，Model 2为全涂覆设计方案；Model 1、Model 3、Model 4和Model 5为对SCFN某一位置进行涂覆的模型；Model 6、Model 7与Model 8为对SCFN壁面进行组合涂覆的设计方案。以全涂覆方案的涂覆面积为基准面积1，其余涂覆方案的面积与全涂覆相比确定其涂覆面积比例。

图4-12为水平极化方式下俯仰探测面内，不同涂覆方案SCFN的RCS角向分布曲线图。从图中可以看出，在0°探测角下，Model 0的RCS最大，Model 2的RCS最小；涂覆吸波材料的模型的RCS均比基准模型的RCS小。在0°~40°探测角范围内，Model 0的RCS在大部分探测角下大于其他模型的RCS。Model 1、Model 4和Model 5三种模型仅对外壁面的单个位置进行了涂覆，在0°~5°探测角范围内，三个模型的RCS相差较小，随着探测角的增加，三种模型的RCS的差异增大。这是因为，在较小的探测角下，电磁波直接照射的主要部位是喷管进口端面的平板，在大角度下，电磁波可以直接照射喷管壁面的不同位置，在不同位置涂覆吸波材料，对电磁波的消减作用不同；Model 2、Model 6、Model 7和Model 8为组合涂覆方案，在0°探测角下，这四种模型的RCS小于上述四种单独涂覆方案的RCS，这是因为涂覆面积增大之后，对多次反射的电磁波也有较好的吸收效果；Model 2和Model 7的涂覆方案对RCS的缩减效果类似，这两种方案均对喷管出口位置涂覆了吸波材料。在0°~15°探测角范围内，随着探测角的增大，所有模型的RCS呈现下降的趋势。

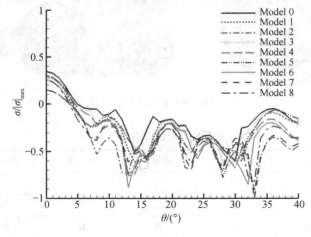

图4-12　水平极化方式下俯仰探测面内不同涂覆方案SCFN的RCS角向分布曲线

在 15°~25° 探测角范围内, SCFN 进口壁面部分与喷管壁面会形成角反射器效应, 在该探测角范围内会出现一个 RCS 峰值区域。在整个探测角区域内, Model 1、Model 3、Model 4 和 Model 5 的 RCS 角向分布相似; Model 2、Model 6、Model 7 与 Model 8 的 RCS 角向分布相似。在大角度探测角范围内 (30°~40°), 不同模型的 RCS 角向分布差异较大, Model 1、Model 3、Model 5 与 Model 0 的 RCS 角向分布相似, Model 2、Model 6、Model 7 与 Model 8 对 RCS 的缩减效果较好。

图 4-13 为垂直极化方式下俯仰探测面内不同涂覆方案 SCFN 的 RCS 角向分布曲线。在 0°~40° 探测角范围内, 所有模型的 RCS 随着探测角的增大而减小; Model 3 的 RCS 角向分布与 Model 0 基本重合, 只有在个别探测角下存在差异, 这说明单纯涂覆喷管内部组件中心锥和混合器对于喷管的 RCS 缩减作用不明显。Model 1 与 Model 0 的角向分布曲线也基本重合, 这与水平极化方式下模型的 RCS 角向分布不同, 这是因为 SCFN 和所涂覆的吸波材料都具有一定的极化特性。Model 4、Model 5 的 RCS 角向分布说明涂覆吸波材料对缩减 RCS 有一定的效果, 但是从图上看效果并不明显, 在较大的探测角下, 涂覆吸波材料之后的模型 RCS 会大于 Model 0 的 RCS; Model 2、Model 6、Model7 与 Model 8 对 RCS 的缩减效果相比只涂覆单一位置的 Model 1、Model 3、Model 4 和 Model 5 要好; 在 15°~25° 范围内, Model 2 和 Model 7 有很明显的 RCS 缩减效果。

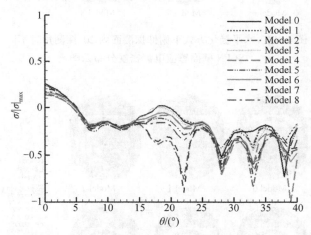

图 4-13　垂直极化方式下俯仰探测面内不同涂覆方案 SCFN 的 RCS 角向分布曲线

图 4-14 是水平极化方式下俯仰探测面内 20° 探测角时不同 SCFN 壁面感应电流密度分布云图。在该探测角下, 喷管二元出口上壁面、喷管进口端面区域和区域 1 的部分壁面能够被入射电磁波直接照射, 在被直接照射到的区域涂覆吸波材料可以直接吸收入射的电磁波, 从而降低经过壁面反射的电磁波的强度, 降低了模型的 RCS; 在模型进口端面直接照射区域会出现一个中等电流强度区域, 这主要是模型进口底面和环形混合器壁面形成了一个二面角区域, 而二面角区域是强散射结构; Model 1 和 Model 5 中等电流强度区域所占面积大, 且电流强度峰值较大, Model 2 的该区域所占面积最小; Model 3、Model 4、Model 6、Model 7 和 Model 8 的中等电流强度区域所占的面积大小接近, 但是电流峰值大小有差异。

图 4-15 是垂直极化方式下俯仰探测面内 20° 探测角时不同 SCFN 壁面感应电流密度分布云图。在垂直极化方式下, 不同模型的中等电流强度区域相比水平极化方式下的模型的

中等电流强度区域向上移动，这说明模型具有一定的极化特性。不同模型的中等电流强度区域位置差别不大。

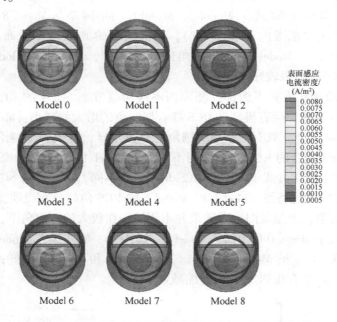

图 4-14 水平极化方式下俯仰探测面内 20°探测角时不同
SCFN 壁面感应电流密度分布云图

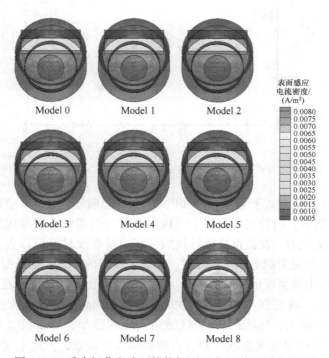

图 4-15 垂直极化方式下俯仰探测面内 20°探测角时不同
SCFN 壁面感应电流密度分布云图

　　表 4-4 和表 4-5 为两种极化方式下不同探测角范围内模型的 RCS 无量纲均值和缩减效果，表中 $\bar{\sigma}$ 为 RCS 无量纲均值，A 代表 RCS 缩减效果。SCFN 在较小的探测角范围内具有较大的 RCS 均值，随着探测角范围的增大，喷管模型的均值减小。涂覆吸波材料对于 RCS 都具有一定的缩减作用，不同的涂覆方案对于 RCS 的缩减作用不一样；在两种极化方式下，Model 2 对于 RCS 的缩减效果最为明显，在水平极化方式下，Model 7 可以达到全涂覆模型 90% 的 RCS 缩减效果，节省了 33% 的吸波材料使用；在垂直极化方式下，Model 6 相比全涂覆方案减少了 60% 的吸波材料使用，但是可以达到全涂覆方案 75% 的 RCS 缩减效果。

表 4-4　水平极化方式下俯仰探测面内不同涂覆方案 SCFN 的 RCS 无量纲均值和缩减效果

涂覆方案	10°		20°		30°		40°	
	$\bar{\sigma}$	$A/\%$	$\bar{\sigma}$	$A/\%$	$\bar{\sigma}$	$A/\%$	$\bar{\sigma}$	$A/\%$
Model 0	1.0000	—	0.5704	—	0.3984	—	0.3377	—
Model 1	0.6885	-31.15	0.3876	-32.05	0.2741	-31.20	0.2337	-30.79
Model 2	0.3176	-68.24	0.1779	-68.81	0.1262	-68.32	0.1001	-70.37
Model 3	0.7047	-29.53	0.3975	-30.31	0.2800	-29.73	0.2430	-28.04
Model 4	0.7462	-25.38	0.4098	-28.15	0.2853	-28.40	0.2316	-31.42
Model 5	0.7183	-28.17	0.4006	-29.76	0.2785	-30.10	0.2422	-28.28
Model 6	0.5463	-45.37	0.3040	-46.71	0.2137	-46.36	0.1736	-48.61
Model 7	0.3277	-67.23	0.1893	-66.81	0.1353	-66.05	0.1077	-68.10
Model 8	0.4975	-50.25	0.2748	-51.83	0.1916	-51.91	0.1542	-54.33

表 4-5　垂直极化方式下俯仰探测面内不同涂覆方案 SCFN 的 RCS 无量纲均值和缩减效果

涂覆方案	10°		20°		30°		40°	
	$\bar{\sigma}$	$A/\%$	$\bar{\sigma}$	$A/\%$	$\bar{\sigma}$	$A/\%$	$\bar{\sigma}$	$A/\%$
Model 0	0.7905	—	0.5083	-16.03	0.3676	—	0.2893	—
Model 1	0.7341	-7.13	0.4789	-5.77	0.3493	-5.00	0.2757	-4.69
Model 2	0.4259	-46.12	0.2477	-51.26	0.1749	-52.42	0.1361	-52.96
Model 3	0.5038	-36.27	0.3508	-30.99	0.2581	-29.80	0.2038	-29.56
Model 4	0.5148	-34.87	0.3370	-33.69	0.2477	-32.62	0.1925	-33.45
Model 5	0.5270	-33.33	0.5180	1.91	0.3667	-0.27	0.2881	-0.43
Model 6	0.5008	-36.64	0.3262	-35.83	0.2391	-34.98	0.1850	-36.05
Model 7	0.6552	-17.11	0.3704	-27.13	0.2592	-29.50	0.2009	-30.54
Model 8	0.5458	-30.95	0.3262	-35.82	0.2323	-36.80	0.1799	-37.80

　　图 4-16 为在水平极化方式下偏航探测面内不同涂覆方案 SCFN 的 RCS 角向分布曲线。在 0°~40° 探测角范围内，不同模型的 RCS 角向分布规律相似；在大部分探测角下，Model 0 都具有最大的 RCS；Model 1、Model 3、Model 4、Model 5 和 Model 0 的角向 RCS 分布差别较小，在较大探测角下，Model 4 和 Model 5 的 RCS 会大于 Model 0 的 RCS；Model 6、Model 7 和 Model 8 的模型 RCS 角向分布接近，对 RCS 具有相对较好的 RCS 缩减效果，

Model 7 具有更好的缩减效果；Model 7 的 RCS 角向分布接近全涂覆模型，在大部分探测角范围内都具有相对较好的 RCS 缩减效果。

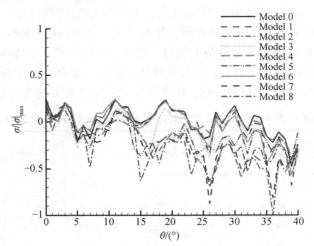

图 4-16　水平极化方式下偏航探测面内不同涂覆方案 SCFN 的 RCS 角向分布曲线

　　图 4-17 所示为垂直极化方式下偏航探测面内不同涂覆方案 SCFN 的 RCS 角向分布曲线。在 0°~40°探测角范围内，在大部分探测角下，Model 0 的模型 RCS 大于涂覆吸波材料的模型；Model 4 和 Model 0 的 RCS 角向分布较为相似，Model 1 只有在较大的探测角度下才体现出一定的 RCS 缩减效果，而 Model 3 只有在 15°探测角附近体现出一定的缩减效果。在较小的探测角范围内，Model 1 至 Model 8 都不具有较好的 RCS 缩减效果。在较大的探测角度下，组合涂覆方案的 RCS 缩减效果更好，这是因为组合涂覆能够覆盖更多的喷管壁面区域。

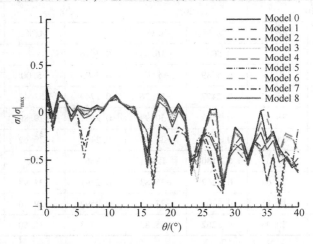

图 4-17　垂直极化方式下偏航探测面内不同涂覆方案 SCFN 的 RCS 角向分布曲线

　　图 4-18 和图 4-19 为不同极化方式下 $\theta = 20°$ 时不同涂覆方案 SCFN 壁面感应电流密度分布云图。对于所有模型，在被入射电磁波直接照射的区域会出现一个中等强度电流区域，但是电流强度小于相同俯仰探测角度下电流强度；在偏航平面下，壁面上的电流强度较小；Model 2 和 Model 7 的壁面电流强度明显要小于其他模型的壁面电流强度。

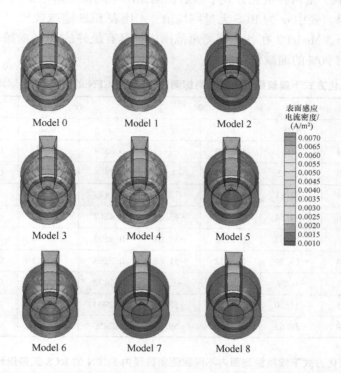

图 4-18　水平极化方式下偏航探测面内 20°探测角时不同涂覆方案 SCFN 壁面感应电流密度分布云图

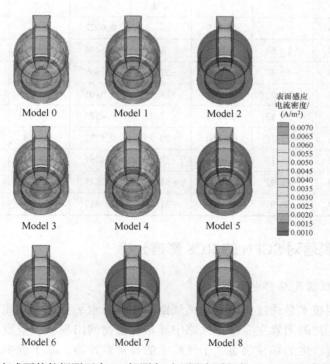

图 4-19　垂直极化方式下偏航探测面内 20°探测角时不同涂覆方案 SCFN 壁面感应电流密度分布云图

表4-6和表4-7是两种极化方式下偏航探测面内不同探测角范围内SCFN的RCS无量纲均值和缩减效果，表中 $\bar{\sigma}$ 为RCS无量纲均值，A 代表RCS缩减效果。从表中可以看出，在两种极化方式下，Model 2在各个探测角范围内都具有最好的RCS缩减效果；Model 7可以达到全涂覆方案90%的缩减效果。

表4-6　水平极化方式下偏航探测面内不同探测角范围内SCFN的RCS无量纲均值和缩减效果

涂覆方案	10°		20°		30°		40°	
	$\bar{\sigma}$	$A/\%$	$\bar{\sigma}$	$A/\%$	$\bar{\sigma}$	$A/\%$	$\bar{\sigma}$	$A/\%$
Model 0	0.7984	—	1.0000	—	0.8584	—	0.6969	—
Model 1	0.7879	−1.32	0.9504	−4.96	0.7868	−8.33	0.6171	−11.46
Model 2	0.3768	−52.81	0.2682	−73.18	0.1883	−78.07	0.1437	−79.38
Model 3	0.5306	−33.54	0.5668	−43.32	0.4867	−43.30	0.3879	−44.34
Model 4	0.6665	−16.52	0.6192	−38.08	0.4593	−46.50	0.4122	−40.85
Model 5	0.6924	−13.29	0.4832	−51.68	0.3508	−59.13	0.2828	−59.42
Model 6	0.7937	−0.59	0.9354	−6.46	0.7472	−12.96	0.5784	−17.00
Model 7	0.5485	−31.30	0.4116	−58.84	0.2904	−66.17	0.2216	−68.20
Model 8	0.5459	−31.63	0.4033	−59.67	0.2850	−66.80	0.2203	−68.39

表4-7　垂直极化方式下偏航探测面内不同探测角范围内SCFN的RCS无量纲均值和缩减效果

涂覆方案	10°		20°		30°		40°	
	$\bar{\sigma}$	$A/\%$	$\bar{\sigma}$	$A/\%$	$\bar{\sigma}$	$A/\%$	$\bar{\sigma}$	$A/\%$
Model 0	0.9069	—	0.7919	—	0.6022	—	0.4700	—
Model 1	0.8014	−11.63	0.7325	−7.50	0.5474	−9.10	0.4382	−6.75
Model 2	0.4555	−49.77	0.3750	−52.65	0.2608	−56.68	0.1990	−57.66
Model 3	0.7341	−19.05	0.6802	−14.11	0.5103	−15.26	0.3909	−16.84
Model 4	0.6841	−24.57	0.6512	−17.77	0.4872	−19.09	0.3781	−19.55
Model 5	0.7228	−20.31	0.6260	−20.95	0.4572	−24.08	0.3530	−24.90
Model 6	0.6790	−25.13	0.6395	−19.25	0.4767	−20.85	0.3749	−20.22
Model 7	0.4633	−48.92	0.3804	−51.96	0.2675	−55.58	0.2048	−56.43
Model 8	0.6264	−30.93	0.5402	−31.78	0.3887	−35.46	0.2984	−36.52

4.4　吸波材料脱落对SCFN的RCS影响分析

4.4.1　吸波材料脱落气路静电监测方法

气路静电监测技术是通过监测发动机气路总体电荷水平变化的在线监测手段，而引起气路中电荷水平变化的因素主要源于气路中异常颗粒物的出现，航空发动机壁面涂覆吸波材料在使用中脱落产生的颗粒物也属于气路中的异常颗粒物。基于静电感应原理的气路碎片监测技术首次被应用在F-35上面，用来对发动机的整个气路进行实时监测，有效地提高了发动机状态预测与健康管理能力，气路碎片监测系统包括 IDMS 和 EDMS 两个系统，分别用于监测进气道和尾气中的带电颗粒，以区分颗粒来源。传感器主要包括 IDMS 传感器、EDMS 传感器以及相应的信号调理单元和信息分析处理模块[21]。

EDMS 传感器是一种无源传感器，被安装在发动机的排气管道上。EDMS 的信号调理单元安装在距离传感器较远的位置，还包括热处理组件，以用来满足该位置的工况温度要求。这两个系统中采用的信号调理单元均为电荷放大器，传感器和调理单元之间采用低噪声信号传输电缆相连，电荷放大器用来将传感器产生的感应电荷信号转化为电压信号，并调理到一个合适的电压水平以便于数据采集与处理。在当前 EDMS 信号的调理单元中，设置了一个可控制的增益，当加力燃烧室工作的时候，气路中的电荷水平变化很大，因此其增益自动降低到 1/100，在正常工况下，增益恢复到正常水平。此外，还有一个监测信息分析处理模块，主要用来执行监控和处理传感器信号，以及用于 EDMS 信号分析所必需的发动机参数，如 HP/LP 的转速（通常以百分比表示）等。

4.4.1.1　航空发动机气路固体颗粒物荷电机理

实验研究表明：纯净的气体不会荷电，高压气体喷出时之所以带有静电，是因为在这些气体中悬浮着固体或液体微粒，气体本身没有电荷。也就是说，单纯的气体在通常条件下不会带电。但由于气体中混有的固体或液体微粒，在与气体一起高速喷出时，与管壁发生相互作用而带电，或混在气体中的颗粒在形成的过程中本身就已经荷电，导致高压气体喷出时具有荷电的特性。在航空发动机气路排放物中的颗粒物既有燃油燃烧产生的烟尘颗粒，同时也有发动机吸入的外来物和发动机部件发生故障产生的异常颗粒物。这些颗粒物在形成以及排出的过程中相互作用或与管壁碰撞摩擦也能使得颗粒表面产生电荷，类似于粉体起电。粉体带电的主要机理是快速流动或抖动、振动等运动状态下粉体与管路、器壁、传送带之间的摩擦、分离，以及粉体自身颗粒的相互摩擦、碰撞、分离，固体颗粒断裂、破碎等过程产生的接触—分离带电。由于粉体都是固体物质，因此其静电起电过程都遵从固体的接触起电规律。此外，燃油在燃烧室内燃烧，在这一区域主要发生化学电离，由于温度很高，同时伴有热电离等物理电离，因此这些都会使产生的颗粒物带上电荷。由此可见，气路颗粒物荷电特性涉及物理、化学等多个过程，比较复杂[22,23]。

固体物质荷电方式主要有以下几种：一是通过与其他物质的接触而荷电；二是固体物质本体的电荷释放导致荷电；三是通过吸附外来的带电粒子而荷电。此外，还有断裂起电、感应起电、喷电起电、剥离起电等起电方式。下面就几种常见的起电方式逐一进行介绍。

（1）接触起电

固体的接触起电可以从固体的接触过程、分离过程和摩擦效果三步来认识。接触过程是形成偶电层的过程，两物体的带电符号由这一过程来决定，功函数小的物体带正电，功函数大的物体带负电。在接触面两侧电荷转移达到平衡时，产生的电荷是正负相对的，从外部看不显电性，随着两物体的分离才开始形成正、负带电体。摩擦就是两个物体接触面上不同接触点之间连续不断地接触和分离的过程，摩擦起电比单纯的接触—分离过程复杂得多。摩擦引起温度的升高，分子的机械破裂和热分解等都会改变物体的荷电量。此外，摩擦速度、摩擦时间、摩擦时的接触面积和压力等都将影响接触物体的荷电量。由此可见，接触过程、分离过程、摩擦效果是决定接触起电带电量的三个主要因素。所以物体与其他物体接触后分离就会带上静电。尽管我们都知道摩擦起电而很少听说接触起电，实质上摩擦起电是一种接触又分离的造成正负电荷不平衡的过程，因此摩擦起电实质上是接触分离起电。如发动机叶片在发生碰摩故障的时候会产生荷电颗粒物，荷电方式的本质是接触起电。

（2）释放电荷起电

释放电荷起电指的是由物质表面释放出荷电粒子（电子发射等）时产生的带电现象。在常温下金属内有大量的自由电子，这些电子虽然不停地在做热运动，但没有具备超过功函数的能量，因此不能从该物质中脱离出来。但如果在紫外线或短波长电磁辐射的作用下，则会引起光电子发射、强电场作用下的电子发射（场致发射）、高温下的热电子发射等，导致固体物质荷电。在航空发动机燃烧室内，温度高达 1800~2000℃，在这种环境下，电子获得能量从物质中脱离出来导致物质荷电。

（3）吸附起电

吸附起电是指物质吸附带电粒子而带电的过程。当带正电荷或负电荷的粒子被物体表面的偶极子吸引且附着在物体上时，使物体带电。多数物质的分子是极性分子，即具有偶极矩，偶极子在界面上是定向排列的。另外，空气中由于空间电场、各种放电现象、宇宙射线等因素的作用，总会飘浮着一些带正电荷或负电荷的粒子，当这些浮游的带电粒子被物体表面的偶极子吸引且附着在物体上时，整个物体就会因为有某种符号的过剩电荷而带电。吸附起电电量的大小与物体分子偶极距的大小、偶极子的排列状况、物体表面的整洁程度、空气中悬浮着的带电粒子的种类等因素有关。在航空发动机的气路环境中，由于高温化学反应，气路中充斥着大量的离子，因此吸附起电是发动机气路颗粒物荷电的主要方式之一。

（4）断裂起电

固体在发生断裂的情况下，因为破坏了正负电荷的平衡，而使得破裂的两段各带上等量的异号电荷。如航空发动机气路叶片局部材料丢失时，产生的颗粒物荷电方式便属于断裂起电。

从以上分析可以看出，在航空发动机气路环境中，颗粒物的荷电方式也是多种多样的，基本上列出的这几种荷电方式都能得到体现。

4.4.1.2　航空发动机气路静电监测技术原理

对于健康的航空发动机而言，气路总体静电荷水平随着工况的变化而变化，且保持在一个相对稳定的水平。正常工作发动机气路中的颗粒成分主要为碳烟颗粒（soot particles，SP），它们主要来自燃烧室，尺寸在纳米级，主要成分是碳，含量达到96%。影响燃烧室产生碳烟颗粒的因素包括燃油性质、燃烧压力、燃烧温度、油气比、燃油雾化程度以及燃油喷入燃烧室的方式。

欧洲的 PartEmis 计划研究人员在航空燃气涡轮发动机排气口测量到随同正负气体离子一起排出的小碳烟颗粒的粒径大约为 6nm。A. Sorokin 研究表明，发动机尾气中碳烟颗粒粒径近似的两个不同粒径的单分布，其粒径大小处于 5~7nm 和 20~30nm 两个区间。而当发动机气路部件发生故障（如叶片碰摩）或燃烧性能衰退时，会产生大粒径的碳烟颗粒或金属磨粒，这些异常颗粒的粒径大多超过 40μm[24,25]。在高温环境下，颗粒和随机运动的离子发生碰撞，可以接受电荷，该过程可以用以下公式表示

$$q_p = \frac{d_p kT}{2e^2} \ln\left(\frac{d_p c \pi e^2 Nt}{2kt}\right)$$

式中：q_p——颗粒的带电量；

　　　d_p——颗粒直径；

　　　k——玻耳兹曼常数；

　　　T——温度；

　　　e——电子的电荷量；

　　　c——颗粒的平均速度；

　　　N——颗粒浓度；

　　　t——时间。

　　除了外来物因素、正常燃烧条件变化的因素、故障因素之外，还有一类特殊情况：水洗和发动机维修，同样会影响尾气静电监测信号。水洗是指在不拆卸发动机的情况下，利用特定的清洗液对发动机气流通道进行清洗，目的是除去沉积在叶片和内壁上的灰尘和沉积物，是民用和军用飞机发动机通用的一种发动机维护手段。水洗后发动机的尾气静电监测特征参数如果发生了异常变化，是一种正常现象，而不应被认为与气路故障有关。水洗造成这种现象的原因可能与发动机内部残留的水分有关，另一种可能是水洗造成了发动机内部某些间隙配合改变，重新运行时相互磨合产生颗粒从而导致信号的异常。除水洗外，某些发动机维修行为也可能导致间隙配合的变化，如更换密封圈，这种影响同样不能认为是故障。我们把对气路静电荷水平的影响因素做个分类，如图 4-20 所示。

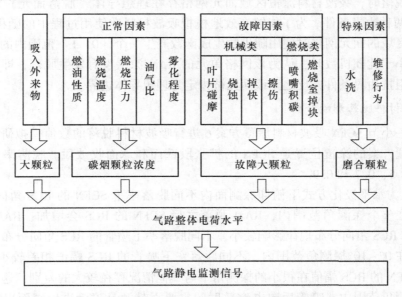

图 4-20　与颗粒生成有关的气路静电监测信号影响因素

　　当发动机气路部件性能衰退（如燃烧室性能衰退）或发生故障（如叶片碰摩）时，产生大量的异常颗粒，颗粒的荷电量和颗粒的粒径、颗粒浓度以及温度等都具有一定的关系。一旦发动机的工况发生变化或者发生故障都将会使气路中的温度、颗粒浓度或颗粒粒径分布等发生变化，从而导致气路中总体的静电荷水平发生变化。航空发动机气路静电监测技术正是基于这一原理，通过置于尾喷管处的静电传感器来实时监控发动机气路静电荷水平的变化，以此来达到监测气路部件的状态的目的，并提供发动机初始故障状态的早期预警信息。

因此，在采用静电监测技术时，首先需要根据健康发动机在不同的工作条件下所监测的尾气总体静电荷来确定各个特征参数的参考基准线，同时基准线也需规定发动机正常工作时 EDMS 信号特征参数的变化范围，然后根据监测到的静电信息与之进行比较，进而判断发动机气路部件的工作状态。

4.4.2　吸波材料脱落方式

根据上文的研究成果，对于深度较大的喷管腔体来说，RAM 的位置对于喷管后向电磁散射特性具有十分重要的影响。雷达吸波材料在实际使用当中，会遭到气流的冲刷，产生脱落，吸波材料脱落之后会直接影响对 RCS 的缩减能力。

航空用涂覆型吸波材料脱落的主要原因是在实际使用中受到气流的高速冲刷。根据脱落面积和脱落位置，可以将脱落分为局部脱落和随机脱落。局部脱落是指在某一位置出现连续的超过一定面积的吸波材料脱落；而随机脱落是指在随机位置出现的面积较小的吸波材料脱落。局部脱落又可以分为局部大面积脱落和局部小面积脱落。针对局部脱落的原因，可以通过统计的方法或者计算流体力学的方法对目标进行数值模拟，计算得到气流对于壁面冲击较大的区域，并确定区域的大小和位置[26]。

在本书采用的单端开口腔体 RCS 计算程序中，采用非结构网格对壁面进行划分。在计算吸波材料脱落时，吸波材料涂覆区域面元网格存在理想导体（脱落面元）和阻抗（未脱落面元）两种边界条件。为了能够有效地模拟吸波材料在使用过程中的随机脱落行为，在处理涂覆区域的面元网格时使用随机数生成函数产生一个 [0，1] 范围内的随机数，当给定脱落率小于此随机数时，认为该网格单元的 RAM 涂层没有发生脱落，即将该位置上面元指定为阻抗边界条件，反之则该面元被指定为理想导体边界。

4.4.3　吸波材料脱落影响分析

选取上一小节 SCFN 吸波材料涂覆方案 6 进行吸波材料脱落的数值模拟研究。从上文可知，该涂覆方案的涂覆位置是 SCFN 的扩张段壁面和球面收敛段。脱落率分别设定为0.1、0.3、0.5、0.7 和 0.9。

图 4-21 为水平极化方式下俯仰探测面内不同脱落率下 SCFN 的 RCS 角向分布曲线。由图可知，在整个探测角范围内，RAM 脱落之后 SCFN 的 RCS 会增加；RAM 脱落对于 SCFN 后向的 RCS 角向分布规律影响较小，不同脱落率下喷管的 RCS 角向分布与无脱落情况下接近。在 0°~10° 探测角范围内，不同脱落率下喷管的 RCS 幅值相差较小，只有 0.9 脱落率下 SCFN 的 RCS 幅值在很小的探测角下与其他情况存在较大的差别；这主要是因为在较小的探测角范围内，喷管后向电磁散射的主要贡献源是喷管进口端面以及中心锥区域，这两处区域并没有 RAM 涂覆，因此 RAM 材料脱落对于 SCFN 后向 RCS 的影响较小。在 10°~40° 探测角范围内，不同脱落率下 SCFN 的 RCS 角向分布规律开始出现较大的差异，0.7 脱落率下 SCFN 的 RCS 角向分布特征兼有 0.9 脱落率下 SCFN 的 RCS 角向分布规律和低于 0.3 脱落率下 SCFN 的 RCS 角向分布规律；这主要是因为在较大的探测角下，对 SCFN 后向 RCS 起主要影响作用的是喷管扩张段壁面，入射电磁波基本上均需经过至少一

次反射之后才能进入喷管内部，扩张段壁面的 RAM 脱落会对入射电磁波的能量产生直接的影响，随着脱落率的增加，壁面上未脱落面元的数目增加，其位置分布随机性增大，入射电磁波所携带能量差异较大。0.9 脱落率下 SCFN 的 RCS 大于其他脱落率下 SCFN 的 RCS，这主要是因为在该脱落率下，未脱落的 RAM 壁面面元网格数目较少，对电磁波的吸收能力大幅降低。

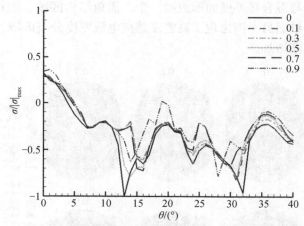

图 4-21　水平极化方式下俯仰探测面内不同脱落率下 SCFN 的 RCS 角向分布曲线

图 4-22 为垂直极化方式下偏航探测面内不同脱落率下 SCFN 的 RCS 角向分布曲线。由图可知，在 0°～15°探测角范围内，SCFN 的后向 RCS 角向分布规律有两种：当脱落率低于（包含）0.5 时 SCFN 的 RCS 角向分布规律接近于无脱落的 SCFN 的 RCS；当脱落率大于 0.5 时，则存在另外一种 RCS 分布规律，这两种 RCS 分布规律的主要差异在于在 5°探测角附近 RCS 曲线出现的波谷所对应的探测角位置。这主要是因为在偏航探测面内，在较小的探测角范围内，对于 SCFN 后向 RCS 的主要贡献是中心锥区域，该区域并未进行 RAM 涂覆，且在偏航探测面内，小角度下 SCFN 的扩张段对于后向 RCS 的影响较小，在扩张段壁面上 RAM 脱落对于入射电磁波的能量影响也较小。在 15°～40°探测角范围内，全部脱落率下 SCFN 的 RCS 角向分布规律一致；SCFN 的后向 RCS 值随着脱落率的增加而

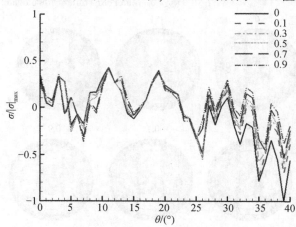

图 4-22　垂直极化方式下偏航探测面内不同脱落率下 SCFN 的 RCS 角向分布曲线

逐渐增大，这主要是因为在该探测角范围内，对 SCFN 后向 RCS 的主要贡献区域就是涂覆方案 6 所涂覆的位置，随着脱落率的增大，该区域的 RAM 存留的面积逐渐减小，电磁波在腔体传播过程中，其所携带的能量被 RAM 转化的数量较小。

图 4-23 为水平极化方式下俯仰探测面内 15°探测角时 SCFN 壁面感应电流密度分布云图。由图可知，在不同脱落率下 SCFN 壁面表面的感应电流分布相似；主要中等密度感应电流集中在外涵进口与混合器外壁面形成的一个二面角结构区域。随着脱落率的增加，在外涵进口与混合器外壁面另一面出现了高密度感应电流密度分布区域，且该区域强度会随着脱落率的增加而逐渐增加。

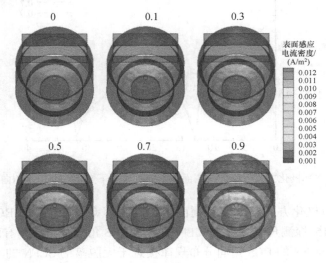

图 4-23　水平极化方式下俯仰探测面内 15°探测角时 SCFN 壁面感应电流密度分布云图

图 4-24 为垂直极化方式下偏航探测面内 0°探测角时 SCFN 壁面感应电流密度分布云图。由图可知，高密度感应电流分布区域分布在能够被雷达波直接照射到的内涵进口面区域，且进口面和混合器内壁面形成了一个二面角结构，二面角结构是电磁波的强反射结构。

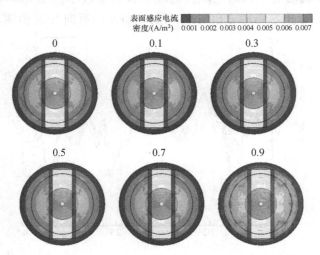

图 4-24　垂直极化方式下偏航探测面内 0°探测角时 SCFN 壁面感应电流密度分布云图

随着脱落率的增加，高密度感应电流区域的强度随之增加。随着 RAM 脱落率的增加，该区域的感应电流密度有一定的提高。

表 4-8 为在不同极化方式下不同探测面内不同脱落率下 SCFN 的 RCS 无量纲均值及缩减效果。由表可知，在水平极化方式下俯仰探测面内，当脱落率达到 0.7 时，未脱落的吸波材料仍能够保持原涂覆方案 72.84% 的 RCS 缩减能力；在垂直极化偏航探测面内，当脱落率达到 0.5 时，未脱落的吸波材料仍能够保持原涂覆方案 55.6% 的 RCS 缩减能力，大幅度落后于其在水平极化方式下保留的 RCS 缩减能力。当脱落率为 0.9 时，在两种极化方式下，未脱落的 RAM 保留的 RCS 缩减能力出现大幅度的下降，这主要是因为在该脱落率下，壁面保留的 RAM 材料所占面积较小，壁面之间相互作用增强。

表 4-8　不同极化方式下不同探测面内不同脱落率下 SCFN 的 RCS 无量纲均值及缩减效果

RAM 涂层脱落率	脱落面元所占面积比/%	水平极化俯仰探测面		垂直极化偏航探测面	
		RCS 均值	缩减效率/%	RCS 均值	缩减效率/%
0	0	0.2466	1	0.8630	1
0.1	9.86	0.2804	85.64	0.8846	86.02
0.3	28.55	0.2997	77.35	0.9006	75.72
0.5	45.58	0.3049	75.14	0.9317	55.6
0.7	64.54	0.3102	72.84	0.9442	47.52
0.9	88.40	0.4104	29.83	1.0000	1.6

综合两种极化方式下未脱落的吸波材料保留 RCS 缩减能力的效果，当吸波材料脱落率大于 0.5 时，需要及时修补吸波材料涂层。

4.5　小结

本章以 SCFN 为例，研究了扩张段壁面修形与涂覆吸波材料这两种主要的 RCS 缩减措施对于 SCFN 的 RCS 的影响规律。在此基础上，研究了吸波材料在日常使用中的脱落对于其 RCS 缩减能力的影响。

（1）对 SCFN 扩张段壁面在俯仰方向上进行斜切能够有效地对 SCFN 的后向 RCS 幅值进行缩减。在俯仰探测面内的 RCS 缩减效果要好于在偏航探测面内的 RCS 缩减效果。在俯仰探测面内，随着斜切角度的增加，斜切修形对 SCFN 的 RCS 缩减能力随之增加。在偏航探测面内，当斜切角等于 20° 和 30° 时，斜切修形对于 SCFN 的后向 RCS 的缩减能力基本一样。

（2）对 SCFN 的扩张段采用与 F-22 喷管类似的大角度锯齿修形能够在一定程度上降低 SCFN 的后向 RCS 幅值。100° 锯齿修形具有最好的 RCS 缩减效果，在两个平面内都能够达到 16.43% 的 RCS 缩减效果。在对喷管进行大角度锯齿修形时需要与飞机整体设计进行综合考虑，以满足平行设计准则。

（3）对 SCFN 内部的混合器和中心锥表面涂覆吸波材料，对 SCFN 的 RCS 缩减作用并不明显。在两个探测面内，表面全涂吸波材料的 Model 2，明显具有较小的 RCS。与表面全涂吸波材料的 Model 2 相比，只在球面收敛段和喷管平直段涂覆吸波材料的 Model 7 减少了 33% 的吸波材料用量，但可达到前者 90% 的 RCS 缩减效果。

（4）SCFN 的后向 RCS 随着 RAM 涂层脱落率的增加而变大，但是 RAM 涂层脱落对 SCFN 后向 RCS 角向分布的影响较小；在俯仰探测面内，未脱落的 RAM 涂层的 RCS 缩减能力强于在偏航探测面，当脱落率达到 0.7 时，未脱落的 RAM 涂层可以保持 68.19% 的 RCS 缩减能力；在偏航探测面内，未脱落的 RAM 涂层在不同雷达极化方式下的 RCS 缩减能力不同，即在垂直极化方式下，RCS 缩减能力大于水平极化方式下 RCS 缩减能力。当 RAM 涂层脱落率大于 0.5 后，需要及时修补 RAM 涂层。

参考文献

[1] 徐学庆. 战斗机设计基础：第十部分 隐形 [J]. 飞机设计参考资料，1999（2）：21-29.

[2] 谭显裕. 飞行器外形隐身设计及其发展水平 [J]. 航天电子对抗，1998（2）：32-38.

[3] Katz，王亚林，李悦霖. 隐身飞机雷达吸波材料背后的"魔法"——隐身材料的科学研究、发展过程以及前景 [J]. 国际航空，2017（3）：73-77.

[4] 班国东，刘朝辉，叶圣天，等. 新型涂覆型雷达吸波材料的研究进展 [J]. 表面技术，2016，45（6）：140-146.

[5] 吉洪湖. 飞发一体化设计中的发动机隐身问题 [J]. 航空动力，2018（2）：67-71.

[6] 代红，何丹. 飞机隐身与雷达反隐身技术综述 [J]. 电子信息对抗技术，2016，31（6）：40-43.

[7] 尚守堂，曹茂国，邓洪伟，等. 航空发动机隐身技术研究及管理工作探讨 [J]. 航空发动机，2014，40（2）：6-9，18.

[8] 王永寿，陈延辉. 隐身飞机雷达波吸收材料的应用技术问题与解决措施 [J]. 飞航导弹，2013（5）：91-94.

[9] 桑建华，周海，陈颖闻. 隐身技术推动新一代飞行器发展 [J]. 航空科学技术，2012（3）：15-18.

[10] 杨波，杨建涛，李春鹏. 雷达探测隐身飞机仿真 [J]. 中国科技信息，2011（14）：29-30.

[11] 马井军，赵明波，张开锋，等. 飞机隐身技术及其雷达对抗措施 [J]. 国防科技，2009，30（3）：38-44，64.

[12] 邓雪姣，杨青真，施永强，等. 唇口斜切修型对 S 形进气道 RCS 影响 [J]. 航空计算技术，2013，43（5）：45-48.

[13] 李岳锋，杨青真，高翔，等. 基于迭代物理光学和等效边缘电流方法的 S 形进气道雷达散射截面研究 [J]. 推进技术，2013，34（5）：577-582.

[14] 韩玲艳. 基于机器学习的吸波材料优化设计方法 [D]. 上海：华东师范大学，2020.

[15] 王岩. FeCo 基磁性吸波材料研究 [D]. 南京：南京大学，2020.

[16] 刘隆华. 频率选择雷达吸波体及其小型化的研究 [D]. 西安：西安电子科技大学，2020.

[17] 蒋勇猛. 雷达隐身直升机靶机设计及 RCS 特征评估 [D]. 南京：南京航空航天大学，2020.

[18] 张雨. 金属有机框架制备碳基复合材料及其吸波性能研究 [D]. 南京：南京航空航天大学，2020.

[19] 梅步青. 氧化锌/多孔碳复合材料的红外/雷达波隐身性能研究 [D]. 南京：南京信息工程大学，2019.

[20] 何森. 吸波材料设计及 RCS 控制技术研究 [D]. 西安：西安电子科技大学，2018.

[21] 孙见忠，刘信超，刘若晨，等. 基于 IDMS 的航空发动机砂尘吸入物定量监测 [J]. 航空学报，2017，38（8）：182-192.

[22] 钟志荣，左洪福，郭家琛，等. 基于阵列式静电传感器的颗粒带电量估计方法 [J]. 仪器仪表学报，2020，41（7）：80-90.

[23] 孙见忠，姜衡，陈颖达．航空发动机砂尘吸入物静电监测仿真实验 [J]．航空动力学报，2018，33（12）：2913-2923.

[24] 李艳，于克杰，孙修柱．航空发动机气路静电传感器的有限元分析 [J]．新技术新工艺，2018（11）：23-25.

[25] 付宇，殷逸冰，左洪福．航空发动机尾气静电监测及其信号特性分析 [J]．仪器仪表学报，2018，39（2）：160-168.

[26] 乔玉林，臧艳，易文斌．铝合金表面涂覆隐身吸波涂层脱落原因分析 [J]．装甲兵工程学院学报，2009，23（6）：84-86.

第5章 飞行器后向电磁散射特性分析

航空发动机喷管是飞行器后向主要的散射源。在新一代隐身飞机的设计中，飞行器后向的雷达隐身设计除了要求航空发动机喷管自身具备较低的 RCS 之外，还需要对后机身与喷管进行一体化设计，采用遮挡等多种措施以进一步降低后向的目标特征。

在前文针对的航空发动机的电磁散射特性的研究中，只计算分析了喷管内部腔体的电磁散射特性，并没有考虑喷管外调节片以及后机身的电磁散射特性的影响。在本章中，采用物理光学–迭代物理光学（physical optics-iterative physical optics，PO-IPO）耦合算法开展了外调节片对轴对称喷管电磁隐身特性影响的分析，主要研究了外调节片与发动机出口轴向夹角以及外调节片长度对喷管后向 RCS 的影响。以苏–57 飞机后机身为例，研究了双发布局战斗机后机身的电磁散射特性。

5.1 发动机外调节片对喷管电磁散射特性影响

图 5-1 为带有外调节片的轴对称喷管几何模型示意图。图中，外调节片与喷管出口轴向的夹角为 15°，外调节片长度大于喷管扩张段长度。

图 5-1 带有外调节片的轴对称喷管几何模型示意图

图 5-2 为两种极化方式下带有后体的轴对称喷管的 RCS 角向分布曲线。由图可知，在两种极化方式下，后体对于轴对称喷管后向的 RCS 影响规律相似。当探测角小于 5°时，后体对喷管后向 RCS 的幅值影响较小，带有后体的轴对称喷管的后向 RCS 角向分布与基准轴对称喷管的 RCS 角向分布存在一定的方位偏差。在 5°～15°探测角范围内，带有后体的轴对称喷管与基准轴对称喷管的 RCS 幅值存在较大的差异，这主要是因为后体的存在。后体的主要反射类型是镜面反射，镜面反射只有在入射角接近垂直的范围内才有较强的反射。在 15°～30°探测角范围内，带有后体的轴对称喷管和基准轴对称喷管的 RCS 幅值差减小，这主要是因为随着探测角的增加，外调节片处于阴影区的个数增多，对于喷管后向电磁散射的贡献减小，此时影响后向电磁散射的主要是喷管的腔体散射。由图 5-2（b）可知，在大角度下，两种模型在水平极化下的幅值差要小于在垂直极化方式下两者的幅值差。

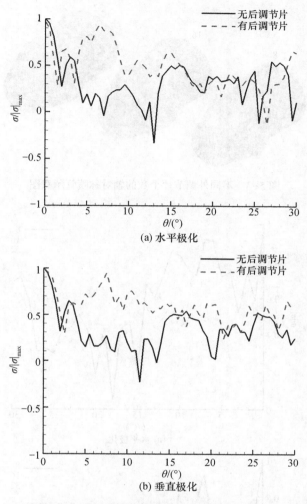

图 5-2　不同极化方式下带有后体的轴对称喷管的 RCS 角向分布曲线

5.1.1　外调节片数目对喷管后向电磁散射特性影响分析

后体外调节片个数对于喷管后向的 RCS 同样存在一定的影响。在本小节中，以 800mm 长的外调节片为基准，研究了不同外调节片个数对轴对称喷管 RCS 的影响规律。外调节片个数分别为 8 个、16 个和 32 个，模型如图 5-3 所示。

图 5-4 为两种极化方式下不同外调节片个数的轴对称喷管的 RCS 角向分布曲线。由图可知，在两种极化方式下，不同外调节片个数对于轴对称喷管后向 RCS 的影响主要体现在 RCS 幅值上。由图 5-4（a）可知，在水平极化方式下，在 0°~5° 探测角范围内，随着外调节片个数的增加，轴对称喷管的后向 RCS 幅值增加；在 10°~15° 探测角范围内，外调节片个数为 8 的轴对称喷管的 RCS 大于其他两个轴对称喷管，这主要是因为在该探测区域内，随着外调节片个数的减少，单个外调节片的面积增加，在受到同样的入射电磁波照射时，其回波强度会随着外调节片面积的增大而逐渐增大。当探测角大于 15° 时，三种外调节片个数的轴对称喷管的 RCS 幅值差较小。由图 5-4（b）可知，在垂直极化方式下，在

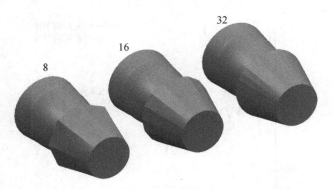

图 5-3　不同外调节片个数的轴对称喷管示意图

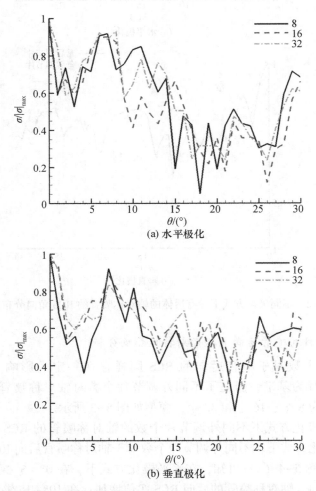

图 5-4　不同极化方式下不同外调节片个数的轴对称喷管的 RCS 角向分布曲线

5°~15°探测角范围内，外调节片个数为 8 的轴对称喷管的 RCS 幅值大于其他两个外调节片个数的轴对称喷管；当探测角大于 15°时，外调节片数目较多的轴对称喷管的 RCS 幅值较大，这主要是因为在较大的探测角范围内，大部分外调节片处于阴影区域，随着外调节片个数的增加，单个外调节片与入射电磁波的夹角变化变得缓慢，因而会有更多的外调节片区域处在照亮区。

表 5-1 为不同外调节片个数轴对称喷管后向 30°范围内无量纲 RCS 均值。由表可知，不同外调节片个数的轴对称喷管后向 RCS 均值没有统一的变化规律，且其 RCS 均值体现了较为明显的极化特性。在水平极化方式下，外调节片数目为 16 时轴对称喷管的 RCS 均值最小，在垂直极化下其 RCS 均值则是最大。因此，在设计航空发动机外调节片时要选择正确的数目。

表 5-1　不同外调节片个数轴对称喷管后向 30°范围内无量纲 RCS 均值

外调节片个数	水平极化	垂直极化
8	0.9423	0.6427
16	0.8016	0.8147
32	1.0000	0.7442

5.1.2　外调节片角度对喷管后向电磁散射特性影响分析

在上一小节的研究基础上，本小节对外调节片角度对于轴对称喷管后向 RCS 的影响进行研究。外调节片角度变化范围为 10°~20°，角度间隔为 5°，三种不同角度外调节片轴对称喷管的外形示意图如图 5-5 所示。

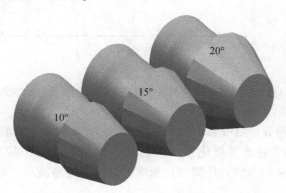

图 5-5　三种不同角度外调节片轴对称喷管的外形示意图

图 5-6 为不同极化方式下不同外调节片角度下轴对称喷管的 RCS 角向分布曲线。由图可知，不同外调节片角度对于带有外调节片的轴对称喷管的后向 RCS 的角向分布规律以及 RCS 幅值影响较小，这主要是因为对于外调节片而言，其主要的散射类型是镜面反射，考虑到外调节片与喷管出口夹角及计算探测角设置，大部分的入射电磁波会被外调节片偏转至其他方向。由图 5-6（a）可知，在水平极化方式下，在 10°~15°探测角范围内，15°外调节片角度的轴对称喷管的 RCS 幅值与其他两个角度下的幅值差异最大。由图 5-6（b）可知，在垂直极化方式下，不同外调节片角度导致的轴对称喷管的 RCS 幅值差小于在水平极化方式下。

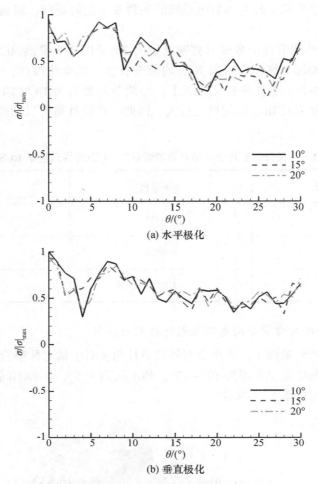

(a) 水平极化

(b) 垂直极化

图 5-6　不同极化方式下不同外调节片角度下轴对称喷管的 RCS 角向分布曲线

表 5-2 为不同外调节片角度轴对称喷管无量纲 RCS 均值。由表可知，当外调节片角度为 15°时，轴对称喷管在水平极化方式下的 RCS 均值均是最小的。在垂直极化方式下，轴对称喷管后向的 RCS 均值随着外调节片角度的增大而逐渐减小，在水平极化方式下则无相应变化规律。

表 5-2　不同外调节片角度轴对称喷管无量纲 RCS 均值

外调节片角度	水平极化	垂直极化
10°	1.0000	0.9010
15°	0.7640	0.7765
20°	0.9486	0.7163

5.2　发动机喷管/后机身一体化电磁散射特性研究

后机身和喷管是飞行器后向重要的电磁散射贡献源；同时，平尾以及垂尾对飞行器后向的电磁散射也具有一定的贡献。为了研究飞行器后机身与喷管耦合之后的电磁散射特性，采用三维重建方法重构了俄罗斯的苏-57 飞机的机身[1,2]。在采用 PO-IPO 耦合算法计算苏-57 后机身/喷管电磁散射特性时，不考虑平尾及垂尾对其后向 RCS 的影响。计算模型如图 5-7 所示。

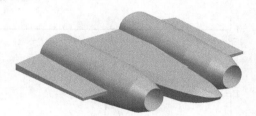

图 5-7　苏-57 后机身

5.2.1　双发布局电磁散射特性研究

在本小节中，主要研究喷管腔体对于后机身电磁散射特性的影响。针对图 5-7 中的后机身，采用平板对喷管腔体进行遮挡。模型如图 5-8 所示。计算频率为 6GHz，计算角度设置如下：俯仰探测面-30°~30°，偏航探测面 0°~30°，计算角度间隔 1°。

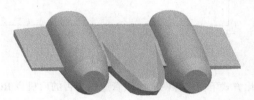

图 5-8　苏-57 后机身示意图（遮挡喷管）

图 5-9 为不同极化方式下俯仰探测面内喷管遮挡与否的后机身 RCS 角向分布曲线。由图可知，在俯仰探测面内，喷管腔体的存在对于后机身后向的 RCS 角向分布规律和 RCS 幅值均存在较大的影响。随着探测角的增加，未对喷管进行遮挡的后机身的 RCS 幅值大于遮挡后的后机身 RCS 幅值，这主要是因为喷管作为典型腔体结构，当入射电磁波进入喷管之后会在喷管内部经过多次反射之后从喷管出口射出，从而增加了后机身的后向 RCS 幅值。由图 5-9 （a）可知，在水平极化方式下，后机身的 RCS 角向分布是不对称的，这主要是因为后机身不具备上下对称性；当探测角大于 10°以后，对喷管进行遮挡的后机身的 RCS 幅值与未对喷管进行遮挡的后机身的差开始增加，这主要是因为对于遮挡喷管的平板而言，当探测角大于一定值之后，其后向电磁散射会大幅度下降。

图 5-10 为不同极化方式下偏航探测面内喷管遮挡与否的后机身 RCS 角向分布曲线。由图可知，后机身在偏航探测面内的 RCS 幅值随着探测角的增加而波动减小。在大部分探测角下，耦合喷管的后机身的 RCS 幅值要大于未耦合喷管的后机身 RCS 幅值，这主要是

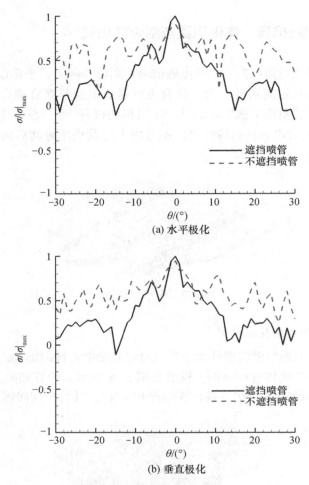

(a) 水平极化

(b) 垂直极化

图 5-9　不同极化方式下俯仰探测面内喷管遮挡与否的后机身 RCS 角向分布曲线

因为随着入射电磁波角度的增加，进入喷管内部腔体的电磁波会在喷管内部经过多次反射之后从喷管出口射出，腔体是典型的强散射源。而随着入射角度的增加，用于遮挡喷管的平板的散射强度会迅速下降；对于未耦合喷管的后机身来说，对其 RCS 起主要影响的是后机身自身的几何形状特点。由图 5-10（b）可知，在垂直极化方式下，是否耦合喷管的后机身的 RCS 的幅值差要大于在水平极化方式下，这主要是因为后机身本身具有一定的极化特性。

表 5-3 为不同极化方式下不同探测面内后机身的无量纲 RCS 均值表。由表可知，未对喷管采取遮挡的后机身后向 RCS 均值大于对喷管进行遮挡的后机身的 RCS 均值。对喷管进行遮挡的后机身的 RCS 均值在偏航探测面水平极化方式下达到最大值，而未对喷管进行遮挡的后机身的 RCS 均值在俯仰探测面水平极化方式下达到最大值。

综上所述，通过上述对比计算可以得出发动机喷管这类单端开口腔体不仅能够改变飞机后机身的 RCS 角向分布，还会改变其 RCS 幅值大小，发动机喷管是飞行器后向十分重要的散射贡献源。

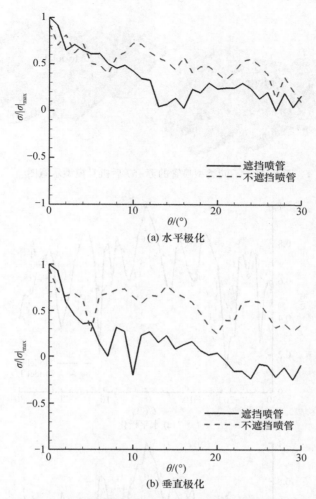

(a) 水平极化

(b) 垂直极化

图 5-10　不同极化方式下偏航探测面内喷管遮挡与否的后机身 RCS 角向分布曲线

表 5-3　不同极化方式下不同探测面内后机身的无量纲 RCS 均值

有无喷管	俯仰探测面		偏航探测面	
	水平极化	垂直极化	水平极化	垂直极化
无	0.6194	0.6319	0.7859	0.6958
有	1.0000	0.9170	0.6739	0.8614

5.2.2　不同类型喷管对后机身一体化电磁散射特性的影响研究

　　根据上一小节的研究结果，航空发动机喷管对苏-57 后机身的后向 RCS 具有非常大的影响。在本小节中，以前文优化设计的 SCFN 替换了苏-57 原有的轴对称喷管，研究了不同几何外形的航空发动机喷管对后机身后向 RCS 的影响，计算条件设置同上一小节一致。采用不同类型喷管的苏-57 后机身模型示意图如图 5-11 所示，为了方便对比分析，将采用轴对称喷管的苏-57 后机身定义为 Model 0，采用 SCFN 的苏-57 后机身定义为 Model 1。

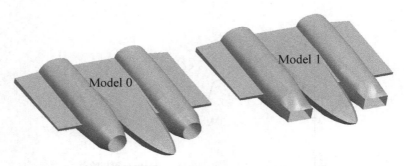

图 5-11 不同类型喷管的苏-57 后机身模型示意图

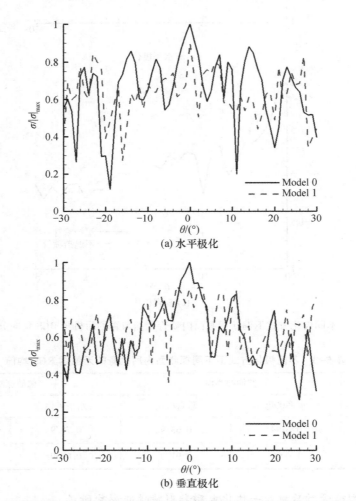

图 5-12 不同极化方式下俯仰探测面内不同喷管类型的后机身 RCS 角向分布曲线

图 5-12 为不同极化方式下俯仰探测面内不同喷管类型的后机身 RCS 角向分布曲线。由图 5-12（a）可知，在水平极化方式下，在 0° 探测角附近，Model 1 的后向 RCS 幅值小于 Model 0 的后向 RCS 幅值，这主要是因为 SCFN 相对轴对称喷管具有一定的 RCS 缩减效果。在 -20°~20° 探测角范围内，Model 1 的 RCS 幅值小于 Model 0 的 RCS 幅值；在 -30°~-20° 以

及 20°~30°探测角范围内，Model 0 和 Model 1 的 RCS 幅值相差较小，这是因为在大的探测角下，对后机身 RCS 起主要影响的是机身的表面形状，喷管腔体对后机身的贡献相对较小。由图 5-12（b）可知，在垂直极化方式下，Model 1 的 RCS 分布体现出了较为明显的极化特性。在-10°和 10°探测角附近，Model 0 和 Model 1 的 RCS 幅值差异较小。在负向探测角范围内，Model 0 和 Model 1 的 RCS 角向分布规律相似，多个 RCS 峰值所对应的探测角差别较小。

　　图 5-13 为不同极化方式下偏航探测面内不同喷管类型的后机身 RCS 角向分布曲线。由图可知，在偏航探测面内，Model 1 和 Model 0 的 RCS 角向分布规律存在一定的相似性。在 0°~10°探测角范围内，Model 1 的 RCS 曲线波动相比 Model 0 更加剧烈。当探测角大于 10°之后，Model 1 和 Model 0 的 RCS 曲线的波动规律趋于一致，主要的差异体现在 RCS 幅值方面；采用 SCFN 的后机身的 Model 1 的 RCS 幅值大于采用轴对称喷管的 Model 0，这主要是因为受到两种不同喷管的外调节片的几何形状的影响。由图 5-13 可知，SCFN 喷管的窄边方向上的外调节片近似垂直于偏航探测面，随着入射电磁波角度的增大，入射波角度与其法向方向的夹角变小，其镜面反射效应增强。Model 1 和 Model 0 的 RCS 幅值差在水平极化方式下大于在垂直极化方式下。

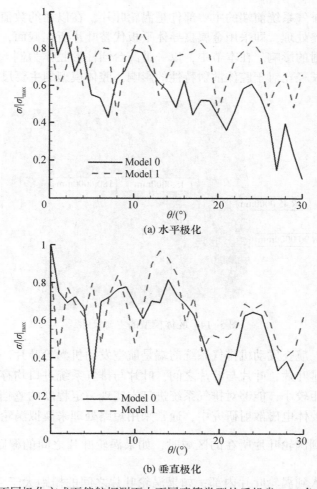

(a) 水平极化

(b) 垂直极化

图 5-13　不同极化方式下偏航探测面内不同喷管类型的后机身 RCS 角向分布曲线

表 5-4 为在不同极化方式下不同探测面内不同类型喷管和后机身的无量纲 RCS 均值。由表可知，Model 0 在俯仰探测面内的无量纲 RCS 均值大于在偏航探测面内；Model 1 在俯仰探测面内的无量纲 RCS 均值小于在偏航探测面内。在不同探测面内，Model 1 在垂直极化方式下的均值都大于水平极化方式下；而 Model 0 则不存在统一的极化特性。

表 5-4　不同极化方式下不同探测面内不同类型喷管和后机身无量纲 RCS 均值

模型	俯仰探测面		偏航探测面	
	水平极化	垂直极化	水平极化	垂直极化
Model 0	0.8436	0.7736	0.5686	0.7267
Model 1	0.5276	0.8155	0.9464	1.0000

5.3　复杂终端单端开口腔体电磁散射特性研究

5.3.1　叶片数目对腔体散射的影响

在航空发动机排气系统前端的主要部件是涡轮叶片，在以往的数值模拟研究中，通常将涡轮叶片进行短路处理，即采用金属良导体平板代替叶片所在截面，并没有深入研究涡轮叶片对于腔体散射的影响。在本节中，以一带凸台圆柱形腔体为例，研究叶片数目、叶片安装角以及腔体长径比对于腔体散射特性的影响。腔体模型的主要尺寸如图 5-14 所示。

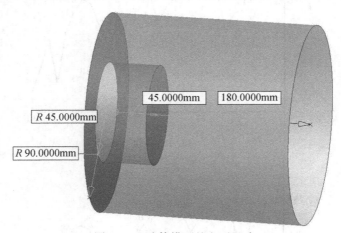

图 5-14　腔体模型的主要尺寸

在实际情况下，航空发动机排气系统前端是航空发动机涡轮叶片。一般情况下，涡轮叶片都包含至少两排叶片，叶片与叶片之间，叶片与排气系统进口均存在遮挡关系。由于涡轮叶片之间的栅距较小，能够对排气系统进气端实现一定程度的遮挡，因此在前期的航空发动机排气系统腔体电磁散射研究中，通常采用短路处理来模拟涡轮叶片。

当电磁波照射到涡轮叶片所在的区域时，如果涡轮叶片之间的栅距小于 $\frac{\lambda}{4}$，则可以认为电磁波无法进入到涡轮叶片内部；如果涡轮叶片之间的栅距大于 $\frac{\lambda}{4}$，则电磁波可以进入到涡轮叶片内部。在涡轮叶片内部会发生多次反射，情况很复杂。

在本小节中，考虑腔体尺寸及计算量的限制，对涡轮叶片进行了如下简化：①采用等厚度叶片模拟实际的涡轮叶片，叶片设计采用三次 B 样条设计方法；②只研究单排叶片下不同叶片数目对于腔体散射的影响。

本小节对等厚度模拟涡轮叶片的数目为 7~12 个的模型的 RCS 进行了数值模拟计算。模型和计算角度设置如图 5-15 所示。计算频率为 10GHz，计算角度范围-30°~30°，角度间隔1°。

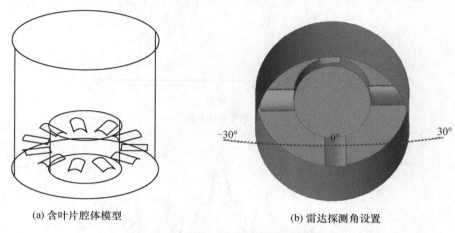

(a) 含叶片腔体模型　　　　　　　　　　　(b) 雷达探测角设置

图 5-15　模型和计算角度设置示意图

图 5-16 所示为两种极化方式下不同叶片数目腔体 RCS 角向分布曲线。由图可知，在两种极化方式下，叶片数目的增加对于腔体 RCS 幅值的影响不大，主要影响了 RCS 角向分布中波峰和波谷位置所对应的探测角；在-10°~10°探测角范围内，不同叶片数目的腔体的 RCS 角向分布规律接近，且 RCS 幅值差异较小，这主要是因为在该入射角范围内，入射电磁波直接照射到腔体中心凸台发生镜面反射；在-20°~-10°及 10°~20°入射角范围内，不同叶片数目腔体的 RCS 角向分布出现了较大的差异，这主要是因为在该入射角范围内，叶片数目增多，入射电磁波在入射到叶片表面时受到叶片自身弯度的影响，发生折射的角度出现了差异；在水平极化方式下，在-30°~-20°及 20°~30°探测角范围内，不同叶片数目的腔体的 RCS 角向分布随着入射角绝对值的增大而波动上升，在垂直极化方式下，则无此现象出现，这主要是因为带有叶片的腔体自身具有一定的极化特性。

图 5-17、图 5-18 为不同极化方式下不同叶片数目腔体壁面感应电流密度分布云图。由图可知，在两种探测角下，腔体壁面上的感应电流密度分布位置基本上不发生变化，主要的变化体现在叶片上表面区域。随着叶片数目的增多，在正对入射角的方向，叶片上表面中心区域产生镜面反射，而在叶片前后缘区域发生绕射，此区域感应电流密度较低；当叶片位置与入射角平面存在夹角时，在叶片上表面发生镜面反射的区域面积减小。

表 5-5 所示为不同探测角范围内不同叶片数目腔体的 RCS 均值。由表可知，当叶片数目固定时，在 ±20° 探测角范围内腔体的 RCS 均值最小；在两种极化方式下，在 ±10° 探测角范围内，腔体在不同探测角范围内的 RCS 均值随着叶片数目的增多而波动下降，在更大的探测角范围内，腔体的 RCS 均值变化没有较明显的规律，这主要是因为在较大入射角照射下，入射电磁波在腔体内部的传播路径受叶片弯度的影响较大，传播路径复杂。当

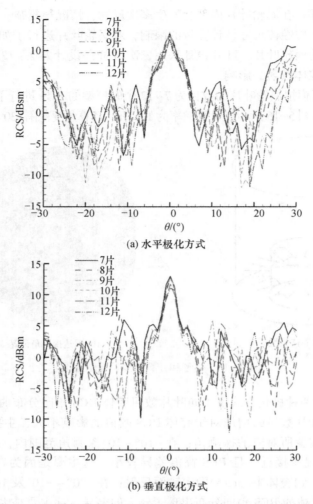

(a) 水平极化方式

(b) 垂直极化方式

图 5-16 两种极化方式下不同叶片数目腔体 RCS 角向分布曲线

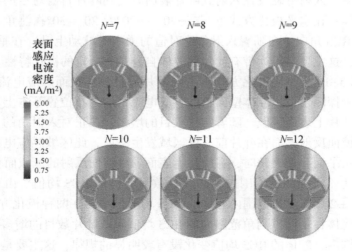

图 5-17 水平极化方式下不同叶片数目在 $\theta = 20°$ 时腔体壁面感应电流密度分布云图

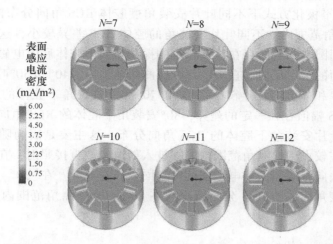

图 5-18 垂直极化方式下不同叶片数目在 $\theta=-12°$ 时腔体壁面感应电流密度分布云图

腔体内部叶片数目为 11 时，在不同入射探测角范围内的 RCS 均值最小。

表 5-5 不同探测角范围内不同叶片数目腔体的 RCS 均值

叶片数目	水平极化			垂直极化		
	±10°	±20°	±30°	±10°	±20°	±30°
7	4.504	2.794	3.319	4.275	2.779	2.383
8	4.345	2.592	2.561	3.549	2.474	2.006
9	4.630	2.762	3.026	3.601	2.304	2.030
10	4.035	2.462	2.289	3.675	2.380	2.007
11	3.653	2.215	2.371	3.038	1.895	1.575
12	3.885	2.481	2.164	3.037	1.973	1.619

5.3.2 叶片安装角对腔体后向电磁散射特性影响分析

在航空发动机涡轮叶片的设计中，需要根据发动机气动要求和叶片自身的几何特性确定涡轮叶片的安装角。在本小节中，研究了叶片安装角对腔体后向 RCS 的影响，分别计算了叶片安装角范围为 40°~80°、角度间隔为 10° 的多种组合，如图 5-19 所示。从图中可以看出，随着叶片安装角的增加，叶片在腔体底部端面上的投影面积逐渐减小，即叶片对于底端面的遮挡作用降低。

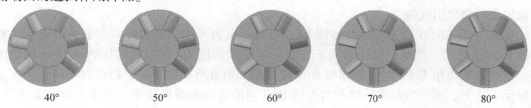

图 5-19 不同叶片安装角模型示意图

图 5-20 为水平极化方式下不同叶片安装角度腔体 RCS 角向分布曲线。由图可知，在-10°~10°探测角范围内，不同叶片安装角的腔体 RCS 差异较小，这主要是因为在模型腔体底端面中间圆柱凸台的存在，在较小的探测角度下腔体后向电磁散射的主要贡献源是来自凸台表面的镜面反射。在 10°~30°探测角范围内，40°和 50°叶片安装角下腔体 RCS 角向分布规律和幅值均差异较小；60°和 70°叶片安装角下腔体的 RCS 角向分布规律相似，但是 RCS 幅值存在一定的差异；80°安装角下腔体的 RCS 角向分布规律和 RCS 幅值均异于其他叶片安装角下腔体的 RCS 角向分布。这主要是因为随着叶片安装角的增加，叶片前缘在较大的探测角范围内能够被入射电磁波直接照射；在不同叶片安装角下，叶片叶背面法向方向与入射电磁波的夹角同样存在差异。在-30°~-10°探测角范围内，不同叶片安装角腔体的 RCS 分布情况与在 10°~30°探测角范围内的腔体 RCS 分布规律相似。

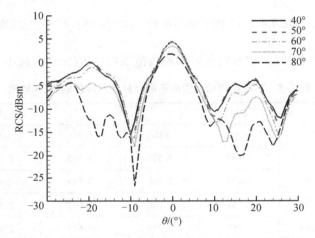

图 5-20　水平极化方式下不同叶片安装角度腔体 RCS 角向分布曲线

图 5-21 为垂直极化方式下不同叶片安装角腔体的 RCS 角向分布曲线。由图可知，在-10°~10°探测角范围内，不同叶片安装角腔体的 RCS 分布规律特性与水平极化方式下情况相似，受极化特性影响较小。在-30°~-10°探测角范围内，不同叶片安装角下模型的 RCS 角向分布规律相似，带叶片腔体的 RCS 会随着叶片的安装角的增加而逐渐减小，这主要是因为随着叶片安装角的增加，叶片对于底端面的遮挡作用降低，入射电磁波可以直接照射到腔体底端面形成镜面反射。在 10°~30°探测角范围内，不同叶片安装角腔体的 RCS 角向分布规律接近，主要差异体现在 RCS 角向分布曲线第一个峰谷所对应的探测角所处的位置，这主要是因为随着叶片安装角的变化，入射电磁波照射到叶背面后反射的电磁波的出射角度出现偏移。

表 5-6 为不同叶片安装角腔体的 RCS 均值。由表可知，随着叶片安装角的增加，腔体的 RCS 会增大。在水平极化方式下，当叶片安装角度为 70°时，腔体的 RCS 达到最大值，当叶片安装角为 80°时，腔体的 RCS 相比最大值有略微的下降，但是并不明显。在垂直极化方式下，同安装角度下叶片对腔体 RCS 均值的缩减效果要小于在水平极化方式下，这说明了带有叶片的腔体自身具有一定的极化特性。对不同安装角度带叶片腔体 RCS 均值

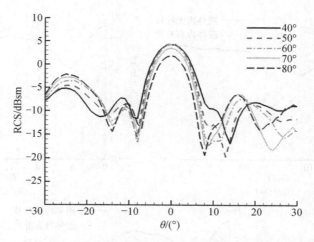

图 5-21　垂直极化方式下不同叶片安装角腔体的 RCS 角向分布曲线

起主要影响的是叶片对底端面遮挡面积的大小。

表 5-6　不同叶片安装角腔体 RCS 均值

叶片安装角	水平极化		垂直极化	
	RCS 均值/dBsm	缩减效果/%	RCS 均值/dBsm	缩减效果/%
基准腔体	1.0322	—	0.7557	—
40°	0.2602	−74.79	0.3173	−58.01
50°	0.3696	−64.19	0.3937	−47.91
60°	0.4977	−51.78	0.4395	−41.84
70°	0.5618	−45.58	0.4507	−40.36
80°	0.5442	−47.28	0.4713	−37.63

5.3.3　腔体长径比对含叶片腔体后向电磁散射特性影响分析

本小节中以叶片数 $N=4$ 腔体为例,对不同长径比下腔体的后向 RCS 进行了数值计算研究,腔体的长径比定义为圆柱腔体深度与圆柱底面圆直径的比,用 L/D 表示。分别计算了 L/D 为 1、2 和 3 时腔体的电磁散射特性。

图 5-22 为水平极化方式下不同长径比腔体的 RCS 角向分布曲线。由图可知,在不同的长径比下和小的探测角范围内,叶片的存在对腔体 RCS 的缩减效果体现得并不明显;当探测角大于 5° 之后,叶片的存在体现出对腔体 RCS 的缩减作用,这主要是因为叶片的存在对腔体底面产生了一定的遮挡作用,这些遮挡改变了电磁波在腔体内部的传导过程。在不同的腔体长径比下,叶片对腔体 RCS 的缩减效果各不相同。由图 5-22(a)可知,在 $L/D=1$ 时,带有叶片的腔体的 RCS 在全部探测角范围内均小于无叶片的腔体的 RCS。由图 5-22(b)可知,在 $L/D=2$ 时,当探测角大于 25° 之后,带有叶片的腔体的 RCS 会略微大于无叶片的腔体的 RCS。由图 5-22(c)可知,在 $L/D=3$ 时,当探测角大于 25° 之后,带有叶片的腔体的 RCS 大于无叶片的腔体 RCS。在 $L/D=2$ 及 $L/D=3$ 时,叶片在大角度下对于电磁波在腔体内部的传播途径的改变较大。

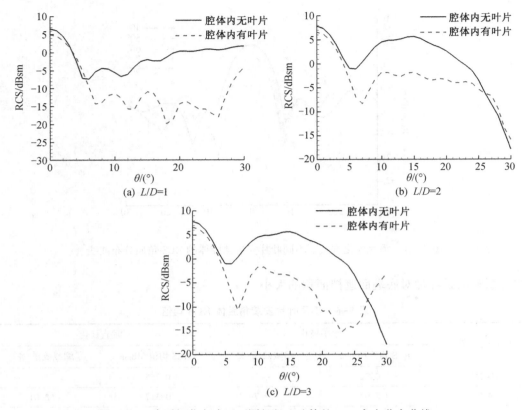

(a) $L/D=1$

(b) $L/D=2$

(c) $L/D=3$

图 5-22　水平极化方式下不同长径比腔体的 RCS 角向分布曲线

图 5-23 为垂直极化方式下不同长径比腔体的 RCS 角向分布曲线。由图可知，在垂直极化方式下，叶片的存在对于不同长径比下腔体 RCS 的影响规律与水平极化方式下的规律存在较大差异。在三种不同的长径比下，带有叶片的腔体的 RCS 角向分布规律与无叶片腔体的 RCS 角向分布规律存在相似性。由图 5-23（a）可知，当 $L/D=1$ 时，带有叶片的腔体的 RCS 与无叶片腔体的 RCS 的幅值差异较小。由图 5-23（b）可知，当 $L/D=2$ 时，当探测角大于 15° 时，带有叶片的腔体的 RCS 幅值与无叶片的腔体的 RCS 幅值差变大。由图 5-23（c）可知，在 0°～10° 探测角范围内，带有叶片的腔体和无叶片腔体的 RCS 幅值差异较小；当探测角大于 20° 之后，带有叶片的腔体 RCS 幅值小于无叶片的腔体 RCS 幅值。

图 5-24 是水平极化方式下 0° 探测角时不同长径比腔体壁面感应电流密度分布云图。由图可知，随着长径比的增加，腔体凸台表面的感应电流密度增加。带有叶片的腔体壁面的感应电流密度分布受腔体长径比的影响较小，但是不同长径比下叶片表面的感应电流密度分布存在一定的差异。

表 5-7 为不同长径比腔体的 RCS 均值。由表可知，在不同的腔体长径比下，腔体内部的叶片对于腔体的 RCS 均具有一定的缩减作用。在水平极化方式下，腔体内部的叶片能够缩减至少 60% 的腔体 RCS；在垂直极化方式下，当 $L/D=3$ 时，叶片只能缩减 10% 左右的腔体 RCS，在 $L/D=2$ 及 $L/D=1$ 时，叶片对腔体的 RCS 能够保持 30% 以上的缩减效果。

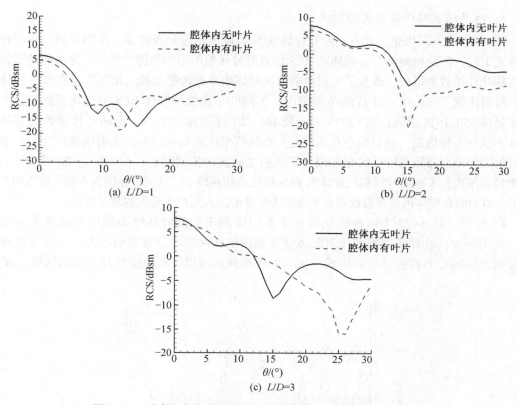

图 5-23　垂直极化方式下不同长径比腔体的 RCS 角向分布曲线

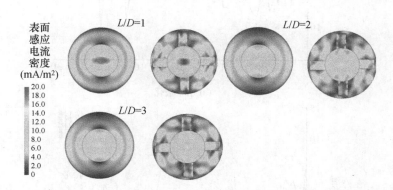

图 5-24　水平极化方式下 0° 探测角时不同长径比腔体壁面感应电流密度分布云图

表 5-7　不同长径比腔体的 RCS 均值

长径比	水平极化			垂直极化		
	带叶片/dBsm	基准腔体/dBsm	缩减效果/%	带叶片/dBsm	基准腔体/dBsm	缩减效果/%
1	0.3988	1.0864	-63.29	0.5034	0.8166	-38.34
2	0.8120	2.0369	-60.14	0.9796	1.4489	-32.39
3	0.7282	2.0514	-64.50	1.3106	1.4446	-9.28

5.3.4 叶片级数对腔体散射的影响

图 5-25 为不同极化方式下不同叶片排数腔体 RCS 角向分布曲线。由图可知，在两种极化方式下的大部分探测角下，腔体的 RCS 随着叶片排数的增加而随之增加，这可能是因为腔体内部叶片排数的增长，改变了入射电磁波在腔体内部的传播路径，增加了电磁波在腔体内部的反射次数。在 -10°～10° 探测角范围内，不同叶片排数的腔体 RCS 的变化规律接近，差异主要体现在 RCS 幅值；在 -20°～-10° 及 10°～20° 探测角范围内，不同叶片排数的腔体的 RCS 不仅存在幅值差，而且也存在相位差；在这两个探测角范围内，入射电磁波经过一次壁面反射后，不同排数的叶片的存在改变了入射电磁波的传播路径；在 -30°～-20° 及 20°～30° 探测角范围内，不同叶片排数的腔体的 RCS 幅值差相对较小，这可能是因为在较大的入射角范围下，电磁波在腔体内的反射次数并不会因为叶片的加入而产生较大的数量变化。

图 5-26、图 5-27 为两种极化方式下不同探测角下的腔体壁面感应电流密度分布云图。由图可知，叶片排数的变化对腔体壁面感应电流密度的分布影响不大，主要的高感应电流密度区域分布在腔体壁面中间区域、腔体端面区域以及最上层叶片上表面区域。在两

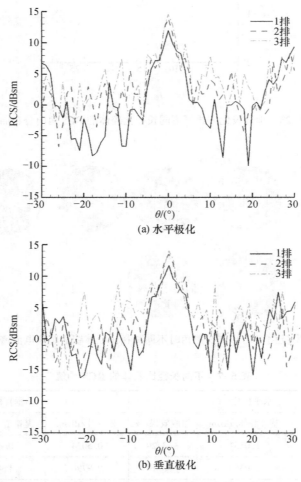

(a) 水平极化

(b) 垂直极化

图 5-25　不同极化方式下不同叶片排数腔体 RCS 角向分布曲线

种探测角下，叶片的边缘区域出现低感应电流密度分布区域，这主要是因为在该位置入射电磁波的主要反射类型为边缘绕射。

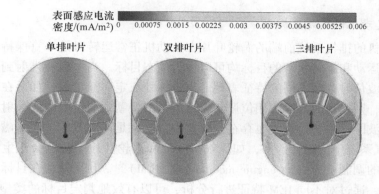

图 5-26　水平极化方式下在 $\theta = 20°$ 时腔体壁面感应电流密度分布云图

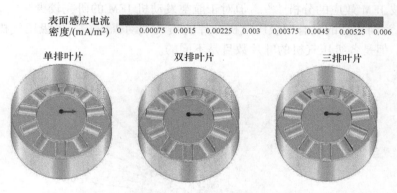

图 5-27　垂直极化方式下在 $\theta = -12°$ 时腔体壁面感应电流密度分布云图

表 5-8 为不同叶片级数的腔体 RCS 均值及相对一级叶片腔体的 RCS 变化量。由表可知，腔体的 RCS 均值随着入射角的增加而下降；在同一个入射角范围内，腔体的 RCS 均值随着叶片级数的增加而增大，这主要是因为随着腔体内部叶片级数的增加，增加了入射电磁波在腔体内部的折射次数。在垂直极化方式下，腔体 RCS 均值随叶片级数增加的变化幅度要大于在水平极化方式下，这说明带有叶片的腔体自身具有一定的极化特性。

表 5-8　不同叶片级数的腔体 RCS 均值及相对一级叶片腔体的 RCS 变化量　　　　　　　dBsm

序号	水平极化				垂直极化			
	±10°	缩减效果	±30°	缩减效果	±10°	缩减效果	±30°	缩减效果
1	3.653		2.371		3.038		1.575	
2	5.265	44.13%	2.852	20.29%	4.176	37.46%	2.262	43.62%
3	6.406	75.36%	3.681	55.25%	5.491	80.74%	2.873	82.41%

5.4 航空发动机调制效应研究

5.4.1 航空发动机调制效应简介

航空发动机的排气系统前端的涡轮叶片在发动机正常运转时是一直保持在高速旋转状态。处于定向运动和旋转状态的目标均可以视为动态目标。当电磁波入射到动态目标的时候，雷达波回波信号存在不同的特征表现。当目标处在定向运动时，如果在相对观察位置存在径向速度，则雷达回波存在相位调制，这就是多普勒效应；电磁波入射到旋转部件上时，反射电磁波既存在相位调制也存在振幅调制，这就是调制效应。当电磁波入射到航空发动机进/排气系统中的旋转部件，如压气机叶片和涡轮叶片上时也会产生调制效应，这被称为发动机的调制效应（jet engine modulation, JEM）[3]。JEM 效应在目标识别中具有十分重要的意义。通过对不同 JEM 特征进行分析，可以有效地判定目标的类型。国内外学者针对 JEM 目标识别展开研究的重点主要集中在用 JEM 效应识别飞行器目标以及对直升机旋翼目标回波 JEM 效应的分析[4~9]，但对于航空发动机 JEM 的研究较少。

图 5-28 为简化后的具有四级压气机叶片的喷气发动机前端。各级压气机级以相同的角速度转动，但是各级压气机的叶片数目是不同的。

图 5-28 发动机压气机简化图

入射雷达波照射到发动机前端后，沿各级转子逐渐深入发动机内部，雷达波所携带的部分能量被旋转叶片反射，剩余的能量继续进入下一级旋转叶片。当雷达波信号深入到高压压气机区域时，压气机叶片形状尺寸变小，两级压气机之间的轴向距离缩短，因此深入发动机内部的雷达波能量也呈现递减趋势。即使是深入发动机内部的信号，更多地也是被叶片所反射。这就意味着反射回雷达的信号主要来自第一、第二级压气机的叶片反射。

与低频雷达信号相比，高频雷达信号更容易进入发动机内部，这是因为高频雷达波波长更短，能有效地通过叶片之间的窄小间隙。高频雷达波被反射后也能携带更多关于发动机内部叶片的信息，这些信号被接收后通过信号处理可以用于识别用途。各级旋转转子之间的轴向间距、同一级叶片之间的间隙以及转子叶片的尺寸相对于入射雷达波的长短，决定了雷达能否生成 JEM 频谱，此频谱可以对发动机类型和特征进行识别。一般来说，10GHz 以上频率的雷达信号比较适于 JEM 测量，因为这一频率以上的雷达波长在 3cm 以下，可以较为轻松地穿过常见的军用、民用航空发动机的压气机前面几级。对于民用发动机的识别，JEM 测量也可以使用 3GHz 或更低的雷达频率，这是因为民用飞机发动机尺寸较大，其前端进气道也较短，使得雷达信号更容易被压气机叶片反射。

5.4.2　航空发动机调制效应模拟

当满足以下两个假定条件：①物体的运动速度远小于光的速度；②目标旋转角频率远小于入射波频率时，可以认为物体相对于入射电磁波是静止不动的。因此在研究发动机的调制效应时可以采用"准静态"方法[10]。在"准静态"方法中，采用离散时间序列，在某一时间点，假定受到电磁波照射的目标是静止的，因此可以用常规的电磁数值算法来计算该时刻目标的散射场。通过采用快速傅里叶变换即可得到相应的频域数据，而从这些频域数据就可以分析 JEM 对雷达回波信号带来的影响[11~14]。

首先用本书介绍的矩量法对静态旋转时腔体的电磁散射特性进行分析。以叶片数 $N=6$ 的腔体为例，研究了叶片旋转 30° 时腔体的电磁散射特性。计算条件设置如下：计算频率为 10GHz，探测角范围为 0°~30°，角度间隔为 1°。

图 5-29 为不同叶片旋转角度下腔体的 RCS 角向分布曲线。由图可知，叶片旋转后腔体的 RCS 角向分布规律与叶片旋转前的分布规律相似。叶片旋转 30° 后，腔体在小角度范围内的 RCS 变化并不明显；随着探测角度的增加，叶片旋转后腔体的 RCS 大于叶片旋转前腔体的 RCS，这主要是因为叶片旋转后，入射电磁波能够直接照射到腔体底端面形成镜面反射。考虑到 $N=6$ 的腔体的对称性，对叶片旋转角度范围为 0°~60° 时进行不同的入射角下的腔体电磁散射特性计算，采样点数分别为 16 个和 32 个。对得到的远场散射电场的 θ 分量进行了傅里叶变换得到相应的频域数据。

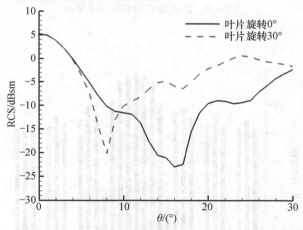

图 5-29　不同叶片旋转角度下腔体的 RCS 角向分布曲线

图 5-30 为 JEM 效应对辐射场的影响，电磁波入射角度为 $\theta = 10°$、$\varphi = 0°$。图中纵坐标中多普勒分量的值定义为 $10 \times \lg10(|E|) - 10 \times \lg10(|E|_{\min})$。

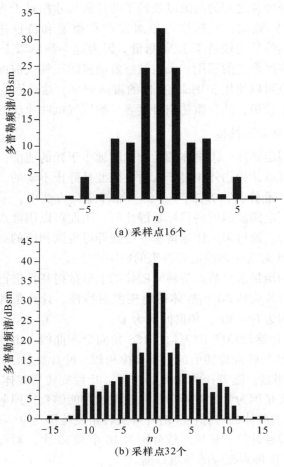

(a) 采样点16个

(b) 采样点32个

图 5-30　JEM 效应对辐射场的影响

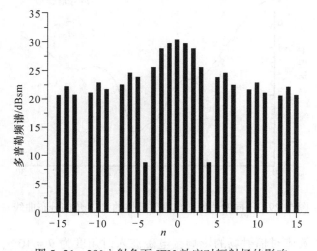

图 5-31　20°入射角下 JEM 效应对辐射场的影响

在图 5-30 中，中心频率为电磁波入射频率 ω_0，谱线间隔 $6\omega_r$，其中 ω_r 为叶片旋转频率。由图可知，由于叶片的旋转，散射场产生了频谱扩散，在 $\omega_0 + 4n\omega_r$（$n \neq 0$）处产生了一系列噪声分量。在不同的采样点个数下，辐射场回波的频谱线变化规律一致，采样点越多，辐射场回波的频谱线变化越剧烈。

图 5-31 为入射角为 $\theta = 20°$、$\varphi = 0°$ 时的 JEM 效应对于辐射场的影响。由图可知，随着探测角的增大，叶片旋转造成的回波噪声分量明显增大，会对雷达对目标的识别产生一定的影响。

5.5　小结

（1）轴对称喷管外调节片与喷管轴线的夹角及其个数对于轴对称喷管后向的 RCS 角向分布的主要影响是其后向的 RCS 幅值。当外调节片与轴对称喷管出口轴向为 15° 时，轴对称喷管在水平极化方式下 RCS 均值最小；在水平极化方式下，外调节片数目为 16 个时轴对称喷管的 RCS 均值最小，在垂直极化下其 RCS 均值则是最大。

（2）采用球面二元收敛喷管的后机身相比于采用轴对称喷管的后机身，在较小的探测角范围内能够有效地降低其后向 RCS 幅值。在俯仰平面内，采用球面收敛二元喷管能够降低喷管/后机身的后向 RCS 均值。在偏航探测面内，采用二元喷管的后机身的后向 RCS 均值大于采用轴对称喷管的后机身后向 RCS 均值。

（3）以带有凸台的圆柱腔体为目标，研究了叶片在固定安装角下 8 种不同叶片数目对于腔体电磁散射特性的影响，并将叶片数目分为奇数组与偶数组，分别分析了其对腔体电磁散射特性的影响。研究结果表明：叶片数目对于腔体的电磁散射特性具有十分重要的影响，叶片的存在能够直接降低腔体的后向散射 RCS 幅值，影响其角向分布规律。

（4）开展了 3 种不同腔体长径比下带有叶片腔体与无叶片腔体的电磁散射特性数值模拟计算，重点研究了不同长径比下腔体中存在的叶片对腔体 RCS 角向分布的影响规律。研究结果表明，在水平极化方式下腔体内存在叶片对于腔体后向 RCS 角向分布规律的影响相似，叶片的存在能减少基准腔体 60% 以上的 RCS 均值；在垂直极化方式下，随着腔体长径比的增加，叶片对于腔体后向电磁散射的影响减弱，在 $L/D = 3$ 时，含有叶片与否的腔体 RCS 均值只相差 9.28%。叶片对腔体的电磁散射的影响在水平极化方式下要大于在垂直极化方式下。

（5）固定腔体中的叶片数目和腔体长径比，开展了 5 种不同叶片安装角下腔体的电磁散射特性数值模拟与分析，研究了不同叶片安装角对于腔体电磁散射特性的影响规律。研究结果表明：不同叶片安装角对于腔体 RCS 角向分布的影响较小；随着叶片安装角的增加，腔体的 RCS 均值随之变大，叶片对腔体 RCS 的影响作用下降；在水平极化方式下当叶片安装角为 70° 时，腔体的后向 RCS 均值最大。

（6）采用"准静态"方法开展了叶片旋转对于腔体远场散射信号的影响研究，主要研究了入射角度和采样点数目下对腔体 JEM 效应的影响。研究结果表明：叶片旋转散射场产生了频谱扩散，在 $\omega_0 + 4n\omega_r$（$n \neq 0$）处产生了一系列噪声分量。在不同的采样点个数下，辐射场回波的频谱线变化规律一致，采样点越多，辐射场回波的信号描述得越精细；探测角增大后，叶片旋转造成的回波噪声分量明显增大，会对雷达对目标的识别产生一定的影响。

参考文献

[1] 夏侯文.（俄）T-50 战斗机三维重建及其气动性能分析 [D]. 南京：南京航空航天大学, 2012.

[2] 逆火. 北国雏鹰：试析俄罗斯 T-50 战斗机的气动与结构设计 [J]. 海陆空天惯性世界, 2017（4）：12-21.

[3] Bell M R, Grubbs R A. JEM modeling and measurement for radar target identification [J]. IEEE Transactions on Aerospace & Electronic Systems, 1993, 29（1）：73-87.

[4] 姚晓东, 樊寄松. JEM 效应与雷达目标识别研究 [J]. 航空电子技术, 1999（3）：44-48.

[5] 刘志成, 何佳洲. 多普勒频谱及 JEM 效应在空中目标识别中的应用分析 [J]. 指挥控制与仿真, 2009, 31（1）：38-41.

[6] 李玮璐. 基于 JEM 效应的飞机目标分类方法研究 [D]. 西安：西安电子科技大学, 2014.

[7] 杨立明, 曹祥玉. 直升机旋翼对回波的调制效应分析 [J]. 电波科学学报, 2002, 17（1）：93-96.

[8] 曹祥玉, 梁昌洪, 宗卫华. 旋转螺旋桨叶片调制效应分析 [J]. 电子学报, 2002, 30（9）：1390-1392.

[9] 牛臻弋, 徐金平. 用矩量法研究直升机高频天线电磁特性的旋翼调制效应 [J]. 航空学报, 2004, 25（4）：385-388.

[10] Van B J. Electromagnetic fields in the presence of rotating bodies [J]. Proceedings of the IEEE, 1976, 64（3）：301-318.

[11] 许云林, 经荣清, 李君利. 改进准静态方法的研究 [J]. 计算物理, 1997, 14（z1）：524-526.

[12] 徐琪, 王侃, 李世锐, 等. 反应堆时空动力学蒙特卡罗改进准静态方法研究 [J]. 原子能科学技术, 2013, 47（s1）：275-279.

[13] 季虎, 夏胜平, 郁文贤. 快速傅立叶变换算法概述 [J]. 现代电子技术, 2001（8）：5-8.

[14] 陈建平, 陆建新, 李蕴华. 快速傅立叶变换在数字信号处理器上的实现研究 [J]. 南通工学院学报, 2001, 17（1）：5-9.

第6章　排气系统电磁散射特性测试与分析

试验测试是除数值模拟计算之外另一种行之有效的研究腔体电磁散射特性的方法。与数值模拟方法相比，测试能够有效、快捷、准确地获得目标的 RCS。通过对目标的实际测量，不仅能了解其基本散射现象，检验理论分析的结果，而且能够获得大量的目标特征数据，从而进一步建立目标特性数据库，有助于对目标特征进行下一步分析[1]。

雷达散射特性测试根据测试场地的不同可以分为外场测试[2,3]和室内测试。外场测试的优点是容易满足远场条件，但是外场测试易受测试环境气候的影响，获得超宽带、高分辨率、高精度测量值的代价太大。室内测试能够保证测试在可控、可测的环境下进行，设备代价小、测试精度高，还能够减少测试时间[4]。除此之外，还有飞行动态测试以及 RCS 近场测试。飞行动态测试可以获得飞行器在真实环境下的雷达目标特性，但是测试成本较高，测试精度较差，操作难度大。

本章在之前数值模拟计算的基础上设计了非矢量状态下的球面收敛矢量喷管模型，对该喷管的电磁散射特性展开了试验研究。

6.1　RCS 试验测试系统

在微波暗室测试中，常用的测试系统主要有两大类：连续波测试系统和步进频率测试系统。研究人员对两种不同的测试系统进行了详细的研究，两种不同的测试系统都有其不同的适用范围。连续波测试系统适用于大散射目标的测量，测试结果的处理相比扫频测试体制更简单；其缺点是对低散射目标，需要在测试系统中添加对消系统，这会导致测试系统的稳定性下降。步进频率测试系统适于对小散射目标的测试，通过正确的设置和数据处理，能够提升测试的精度；其缺点是需要对测试得到的数据进行大量的后续处理[5,6]。

航空发动机排气系统是典型的凹腔体散射中心，凹腔体散射中心中包括排气系统喷管出口的波导以及喷管内部角反射器等复杂的多反射性散射。因此，在本章中选择步进频率测试体制对排气系统进行 RCS 室内测试。

6.1.1　测试设备

根据国军标，室内测试场一般由以下部分组成：

（1）模拟自由空间的测试环境；

（2）收发系统；

（3）目标支架与转台；

（4）目标姿态对准装置；

（5）RCS 已知的定标体；

（6）系统控制、数据采集与处理、记录设备；

（7）测量及处理软件。

普通微波暗室包括矩形及锥形微波暗室两类。矩形微波暗室的工作频率在 1Ghz 以上，锥形微波暗室在 0.1~1GHz 的低频段有良好的性能，在 1Ghz 以上与矩形微波暗室性能相当。静区背景反射系数小于 −40dB，背景等效 RCS 小于 −45dBsm，目标与天线间距离应满足一般的远场条件要求。

收发系统体制包括以下几种：

（1）连续波平衡桥；

（2）线性调频连续波；

（3）步进调频连续波；

（4）窄脉冲；

（5）脉间阶跃变频；

（6）脉冲选通连续波。

在单站 RCS 测量中，可采用收发公用的单天线或收发天线双站角小于 3° 的双天线。在微波暗室中，天线的口径还应满足远场条件要求，天线旁瓣低于 −25dB，交叉极化小于 −30dB。

发射设备的特点如下：

（1）频率范围为 1~20GHz，可扩展到毫米波波段；

（2）输出连续波或脉冲调制波形。

接收设备存在以下特点：

（1）频率范围为 1~20GHz，可扩展到毫米波波段；

（2）具有幅度或幅相测量功能；

（3）具有单通道或多通道接收能力；

（4）接收机灵敏度优于 −40dBsm；

（5）稳定的线性动态范围大于 60dB；

（6）通道隔离度大于 100dBsm。

目标转台与支架的基本要求是能够支撑被测目标，精确控制目标方位或者俯仰姿态角，角分辨力为 0.01°~0.1°。

常用的支架类型有低密度泡沫材料支架、低 RCS 金属支架、介质绳悬挂支架。RCS 测量坐标系基于目标作用系，常用直角坐标系来确定目标姿态，包括俯仰、横滚及偏航三个平面，以及相应的俯仰角、横滚角及偏航角。根据雷达实现相对目标的俯仰角不同，有大圆切割剖面及圆锥切割剖面两种情形。目标初始姿态对准方法是在后墙及顶棚安置两个正交的激光器，通过激光对准，并结合目标散射特征点的测量，确定目标初始姿态及相对转台中心的位置。

RCS 测量模式包括以下几种：

（1）RCS 随方位角变化，相应的曲线纵坐标为 RCS 幅度或相位，横坐标为方位角；

（2）RCS 随频率变化，相应的曲线纵坐标为 RCS 幅度或相位，横坐标为频率；

（3）RCS 随径向距离变化，相应的曲线纵坐标为 RCS 幅度，横坐标为径向距离或时间，转台中心为 0；

（4）RCS 随横向距离变化，相应的曲线纵坐标为 RCS 幅度，横坐标为横向距离，转台中心为 0；

（5）RCS 二维成像，相应的图像为立体图及等高线图，纵坐标为 RCS 幅度，横坐标为横向距离，另一坐标为径向距离，转台中心为距离参考点。

6.1.2 测试原理

目标的 RCS 测量是通过测量雷达回波的功率，按照雷达方程反算出目标的 RCS 值。在单站 RCS 测试中，如果收发天线采用同一套标准天线，则雷达接收功率的表达式可简化成如下形式

$$P_r = \frac{P_t G^2 \lambda^2 \sigma}{(4\pi)^3 R^4 L^4 L_f^2} \tag{6-1}$$

式中：P_r——雷达接收机接收到的回波的功率；

P_t——雷达发射机功率；

G——发射机和接收机的共用天线增益；

L——雷达发射机与接收机内馈线的损耗；

L_f——雷达目标到雷达收发天线传播路径的损耗；

σ——目标的 RCS；

R——目标到雷达发射机和接收机的距离。

在高频区进行目标 RCS 测试时，可以将目标简化成一个线性的二端口网络。其中 P_t 作为端口 1 的输入功率，P_r 作为端口 2 的出射功率。那么将

$$\frac{P_r}{P_t} = |S|^2 \tag{6-2}$$

代入上式可得

$$\sigma = \frac{(4\pi)^3 R^4 L^2 L_f^2 |S|^2}{G^2 \lambda^2} \tag{6-3}$$

若在同一条件下测得的目标物和标准球的散射参数分别为 S_b、S_a，则目标的雷达散射截面为

$$\sigma_b = S_b - S_a + \sigma_a \tag{6-4}$$

式中，σ_a 是标准球的雷达截面积。

综上所述，在进行目标 RCS 测试时，需要测量目标及标准球的散射参数[7]。

6.1.3 步进频率基本测试步骤

图 6-1 为步进频率 RCS 测试系统硬件组成示意图[8,9]。步进频率测试系统主要由矢量网络分析仪、雷达天线、低散射转台和被测目标等硬件组成。步进频率测试系统的核心硬件是矢量网络分析仪，其能够对回波信号进行软件对消，代替了连续波测试系统中的硬件对消系统，从而简化了测试方案。

在进行测试之前，首先要根据测试目标和测试方案确定步进频率测试系统中几个基本的测试参数。步进频率的测试参数主要包括：测试频率范围、频率数、窗口宽度、中频带宽、扫描速度以及发射功率。选取合适的测试参数可以保证测试稳定性、测试精度以及测试效率。

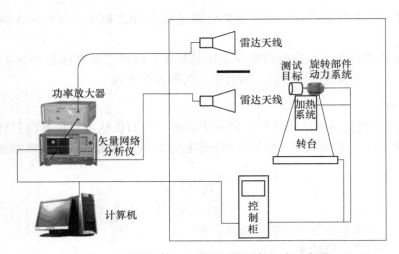

图 6-1　步进频率 RCS 测试系统硬件组成示意图

步进频率测试系统的基本测试步骤为：

（1）矢量网络分析仪发射频率步进信号，测量空暗室的频域响应，利用矢量网络分析仪的时域功能，将频域响应变换到时域。

（2）将时域响应数据存储到矢量网络分析仪的寄存器中，利用矢量网络分析仪进行软件对消。

（3）将被测目标放置于低散射泡沫支架上，找出高于背景电平的区域作为目标区，然后利用矢量网络分析仪的加门功能截取目标区。

（4）转台旋转到所要测量的角度范围，对每个角度下目标区的峰值点进行矢量合成，得到目标全角域的 RCS。

6.2　步进频率测试中的关键技术

6.2.1　RCS 外推技术

在对目标进行雷达散射截面数值模拟计算中，假定雷达和目标间的距离为无限大，即照射到目标的电磁波为平面波。但是在实际测量中，受限于目标与发射天线之间的距离，入射到目标上的电磁波几乎都是球面波。为了保证测试结果的精度，需要确定在什么样的距离条件下，球面波前可以作为平面波前的一个足够好的近似，这就是 RCS 测量的远场条件。

一般来说，当入射到目标体不同宽度口径上的相位偏移小于 $\dfrac{\pi}{8}$ rad 时，就认为是近似的平面波入射，得到常用的 RCS 远场测量条件

$$R \geqslant 2d^2/\lambda \tag{6-5}$$

式中：R——测试距离；

　　　d——目标最大尺寸；

　　　λ——入射波波长。

对于室内测试系统来说，低频小尺寸目标的远场测量条件不难满足，但是当目标特征尺寸增大且频率升高之后，要保证测试所要求的远场距离迅速变大，常规的测试仪器灵敏度和测试场地尺寸就难以满足要求。为了克服这个难题，国内外尝试了多种近距离散射测试外推远场 RCS 的方法[10~15]。中场外推技术的采用扩大了室内暗室测试系统的测量范围，表 6-1 和表 6-2 分别给出了中场条件下不同频率的目标尺寸的扩展情况和测试距离的缩短程度。

在表 6-1 和表 6-2 中，D_max 是最大口径，R_min 是最小测试距离。扩展比是中场测试目标体的 D_max 与远场测试目标体 D_max 之比，归一化距离因子是中场 R_min 与远场 R_min 之比。

表 6-1　测试距离 20m 时中场外推技术比远场测试大大扩展了目标尺寸

频率/GHz	1	2	5	10	20	40
远场/m（D_max）	1.7	1.2	0.8	0.6	0.4	0.3
中场/m（D_max）	5.4	4.3	3.4	2.5	2.1	2.0
扩展比	3.2	3.6	4.3	4.2	5.3	6.7

表 6-2　口径 2m 的目标体在不同频率下中场外推技术比远场测试大大缩短了测试距离

频率/GHz	1	2	5	10	20	40
远场/m（R_min）	26.7	53.0	133.0	267.0	533.0	1066.0
中场/m（R_min）	3.2	4.5	7.2	10.0	14.3	20.2
归一化距离因子	12.0	8.5	5.4	3.8	2.7	1.9

本书 RCS 测试所使用的暗室位于西北工业大学无人机特种技术国防科技重点试验室，矩形暗室尺寸为 25m×15m×15m，被测发动机排气系统的最大口径不到 2m，测试频率范围为 2~18GHz。测试所使用的暗室及测试系统满足采用中场外推技术的 RCS 测试需求。

6.2.2　测试环境分析

（1）背景噪声

由于目标回波信号功率与 RCS 测试距离的 4 次方成反比，因此在满足远场条件时回波幅度往往是十分微弱的。在进行 RCS 测试时，要求测试雷达系统在有足够高的灵敏度的同时，又要求背景噪声要足够低，这样才能准确而有效地检测出目标自身的回波信号。

背景噪声包括目标以外所有进入接收机的外来干扰信号，如目标支架和地面等杂波散射信号。根据理论计算，如果要求测量精度为±1dB，则背景噪声应比目标回波低 20dB。

在背景噪声中，支撑目标的支架是重要的来源之一。它在距离上和目标回波相同，不能采用选择距离波门技术来消除支架的散射。根据国外资料，目前比较先进的支架是采用低散射、高强度的尖劈状支架，但是该种构型的支架造价高。因此，也可采用泡沫圆柱支架，该型支架的优点是不存在较强的角反射且各向同性。

（2）收发天线的耦合

采用"准"单站的工作模式，收发喇叭天线间隔距离较近，发射机发射的信号很容易串扰进入接收喇叭天线，使得信噪比降低，并且这种耦合的影响很难消除。为降低这种耦合对测试结果的影响，可以在收发天线之间添加一些吸波材料，这种方法在高频下能够起到较好的效果。

（3）目标与地面的干涉

目标与转台或地面间可能存在相互作用和散射场干涉。为了减小目标与地面干涉的多径影响，最简单的办法是将吸波材料铺设在转台和目标附近的地面上，该方法的缺点是对材料的机械性能要求较高，且需在使用期间及时更换吸波材料。另外，可以通过采用高距离分辨率雷达，测试时变换到时域，通过选取合适的距离波门来消除地面与目标的干涉，这种方法的缺点是无法消除转台与目标之间的干涉，并且在距离波门的设定上难度较大。

（4）测试位置误差

由于目标与发射天线不等高，转轴与目标的旋转中心不重合等引起的测试位置的误差都会对测试结果造成影响，因此可以采用激光定位系统来加以改善，也可以改变测量位置，通过反复测量取平均值。

6.2.3 对消技术

（1）时域对消

高性能矢量网络分析仪具有强大的存储和运算功能，可以使用自身的软件对空暗室进行对消。其原理是先将空暗室的回波信号存储于矢量网络分析仪的寄存器中，然后利用矢量相减的功能对暗室杂波进行对消。

（2）频域对消

采用高性能矢量网络分析仪自身软件对空暗室进行对消的方法对一定角度下的杂波非常有效，对于静态目标的测试比较实用。但本书所测试的排气系统是随着转台转动，使得支架及附近的环境产生变化，时域相应也会改变，将无法与存储器中的数据进行对消，因而对于本书的 RCS 测试主要采用频域对消。该方法是先记录暗室每个角度下的频率响应，然后在不改变暗室背景的条件下，测量相同起始角度排气系统的频率响应，将所得到的两个频域数据进行复数模值相减，从而消除测量目标时背景噪声变化所带来的影响。频域对消能有效地去除支架的散射影响，对于低散射目标的测试尤为重要。

6.2.4 最大不模糊距离及降采样

在实际目标的 RCS 测试中，通常雷达到测试目标中心的距离要远大于转台中心附近的目标区的特征长度，因此接收到的回波信号频谱中会包含大量的无用信息。需要将回波信号中有效信号进行采集、存储和处理，从而降低计算机的处理量。

降采样技术的目的是减少测试和处理时间。根据数字信号处理理论，减小最大不模糊距离必然引起数据混叠，无法区分背景与目标。但是，背景如果能够进行高精度的对消，则最终数据中只含有目标信息，此时只需保证目标自身不会数据混叠即可，这样减小了最大不模糊距离。

6.3 高分辨率转台二维成像算法

本节中主要介绍两种成像算法：距离-多普勒算法和卷积-反投影算法。距离-多普勒算法是在远场条件下对小角度旋转目标进行的一种近似处理，适用于单、双站测量状态下的快速成像。卷积-反投影算法具有严格的数学推导过程，可用于远、近场条件下，对转角没有限制，适用于单、双站测量，特别适合于实验室内对目标做精密的成像处理。

6.3.1　距离-多普勒（R-D）算法

当测试距离满足远场条件时，若转台转动一个很小的角度，即 $\cos\theta\approx1$，$\sin\theta\approx\theta$ 时，转台二维成像的基本公式为

$$\hat{g}(x,\ y)=\int_{\theta_{\min}}^{\theta_{\max}}\int_{k_{\min}}^{k_{\max}}kG(k,\ \theta)\exp[j2\pi k(y\cos\theta-x\sin\theta)]\,\mathrm{d}k\mathrm{d}\theta \tag{6-6}$$

可近似表示为

$$\hat{g}(x,\ y)=\int_{\theta_{\min}}^{\theta_{\max}}\int_{k_{\min}}^{k_{\max}}kG(k,\ \theta)\exp[j2\pi k(y-x\theta)]\,\mathrm{d}k\mathrm{d}\theta \tag{6-7}$$

式（6-7）可以用二维傅里叶变换的形式表达为

$$\hat{g}(x,\ y)=\int_{\theta_{\min}}^{\theta_{\max}}\left\{\int_{k_{\min}}^{k_{\max}}G(k,\ \theta)\exp[-j2\pi x(k\theta)]\,\mathrm{d}(k\theta)\right\}\exp(j2\pi ky)\,\mathrm{d}k=$$

$$I\mathrm{FFT}_k\{[\mathrm{FFT}_{k\theta}G(k,\ \theta)]\} \tag{6-8}$$

式（6-8）中，$G(k,\ \theta)$ 是测量得到的散射场，它由不同角度下通过步进频率测试所得的数据组成，对这一散射矩阵直接进行傅里叶变换即可得到目标的像。

6.3.2　卷积-反投影（B-P）算法

卷积-反投影算法来源于医学中的层析成像，该算法是通过在一定角度下观察得到的数据，重建目标的三维反射率分布在平面上的投影。在公式中，把对 k 的积分看成参量 $l=y\cos\theta-x\sin\theta$ 的傅里叶逆变换，则公式可以分解为

$$p_\theta(l)=\int_{k_{\min}}^{k_{\max}}kG(k,\ \theta)\exp(j2\pi kl)\,\mathrm{d}k \tag{6-9}$$

$$\hat{g}(x,\ y)=\int_{\theta_{\min}}^{\theta_{\max}}p_\theta(l)\,\mathrm{d}\theta \tag{6-10}$$

式中：$p_\theta(l)$ ——沿 l 分布的投影值；

　　　k ——空间频率。

将式（6-9）、式（6-10）改写为

$$P_\theta(l)=F^{-1}[k\cdot G(k,\ \theta)]=$$
$$F^{-1}\{F[q(l)]\cdot F[p_\theta(l)]\}= \tag{6-11}$$
$$q(l)\cdot p_\theta(l)$$

$$\hat{g}(x,\ y)=\int_\theta P_\theta(y\cos\theta-x\sin\theta)\,\mathrm{d}\theta \tag{6-12}$$

该算法可以分为两步进行，第一步是卷积运算，第二步是反投影过程，因此该算法被称为卷积-反投影算法。

从物理意义上讲，公式所表达的是对投影进行滤波，滤波窗函数为 $\omega_f(k)=k$，$P_\theta(l)$ 称为滤波后投影值，因此式（6-11）称为滤波过程，该过程表征了径向合成，得到了高分辨率距离分布图。式（6-12）表示将滤波后投影值"返回"到重建图像中，称为逆投

影过程，它表征了横向聚焦过程。

在卷积-反投影算法的求解过程中，需要注意以下 3 个问题。

（1）转角

转动角度的大小直接关系到横向分辨率的高低。转角过小，相干累积时间短，无法达到横向聚焦的效果，因此导致横向分辨率下降，成像质量变差。雷达目标的散射中心分布 $g(x, y)$ 不仅是目标坐标 (x, y) 的函数，也是雷达频率 f 和目标方位角 θ 的函数。对于复杂目标来说，其散射中心对角度的变化很敏感，在大角度范围内进行微波成像不能反映目标在该角度上的真实特性，因而成像只能在一定的角度范围内进行。

（2）投影线 l 的选取

测量条件不同，选取的投影线也不同。在进行室内测试时，可能会出现无法满足远场条件的情况，此时需要对波前完全进行修正，即改变投影线 l 的表达式，将原先的直线 $l = y\cos\theta - x\sin\theta$ 修改为圆弧线

$$l = \sqrt{R_0^2 + x^2 + y^2 - 2R_0(y\cos\theta - x\sin\theta)} - R_0 \tag{6-13}$$

（3）旁瓣抑制与加窗

成像的数据是对空间谱有限的采样，这种有限的采样造成了重构的图像具有较高的旁瓣，旁瓣抑制的好坏直接影响雷达的分辨率和成像范围，因此需要对谱域数据加平滑窗。

6.3.3　算法比较

对于二维 FFT 算法而言：

（1）旋转目标成像所采集到的数据是极坐标格式，而二维 FFT 算法是建立在二维笛卡儿坐标系下，因此要求测试条件为远场、单站，且转角很小。

（2）在处理大转角成像问题时，需要采用插值的办法将环形谱域的数据根据成像几何关系插值到笛卡儿坐标系下；常用的插值办法包括一步插值法、二步插值法。

（3）二维 FFT 算法的运算速度较快，适合于实时成像。

对于卷积-反投影方法而言：

（1）卷积-反投影法的数学推导过程严密，只在插值过程中存在误差。

（2）投影线需要根据不同的测量状态进行调整。

（3）与二维 FFT 算法和球面波聚集卷积法相比，卷积-反投影法的优点是对转角的范围没有苛刻限制，只需满足 RCS 均值假设条件，转角的大小可根据横向分辨率具体调整，适合于实验室内对目标散射中心做高精度成像处理。

6.4　测试模型及参数

6.4.1　测试模型

在本章中分别对两种不同几何结构的 SCFN 模型进行了电磁散射特性的室内测试。考虑到试验台的承载能力、部件对电磁散射贡献的大小、电大尺寸近似条件以及物理光学迭代方法计算范围的限制，本书设计了如图 6-2 所示的两种 SCFN 模型。其中，球面收敛二元矢量喷管处于非矢量状态。图 6-2 中两种不同喷管模型喷管进口平直段部分结构相同，共同部分包括中心锥、环形混合器以及一级半的涡轮叶片。两种 SCFN 模型的主要差异在

于内涵进口部分是否包含涡轮叶片。模型 A 为含有一级半涡轮叶片模型，用于测试 SCFN 在非矢量状态下的电磁散射特性，模型 B 为简化涡轮叶片之后的模型，主要用于验证本书所介绍的迭代物理光学算法在计算腔体模型时的计算精度。排气系统每个部件之间均由螺栓连接，以方便新旧部件之间的更换。

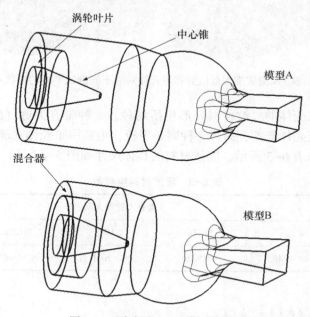

图 6-2　测试用 SCFN 模型示意图

本书测试的主要目的是测试排气系统腔体内部的电磁散射特性。而在测试时雷达天线与测试模型之间有一定距离，电磁波可完全照射排气系统的内外壁面，外壁面的电磁贡献对测试结果影响很大。为了避免排气系统外壁面对内部电磁散射特性的影响，需过滤掉排气系统外壁面产生的电磁场。针对这一问题，国外学者在对相似结构进行试验测试时，采用的措施包括在模型外壁面涂覆吸波材料或者采用"纺锤形"壳体结构；这两种措施均有自身的缺陷，"纺锤形"结构的设计与建造成本较高，而涂覆吸波材料容易在模型外壁面留下缝隙或者台阶而影响测试结果。本书根据实验室实际情况和测试模型特点，采用符合试验要求的低散射载体。载体为六面体结构，载体框架分为上下两部分，下部主要承担喷管的重量，上部主要起成形作用。各个部件之间由木质榫头连接。载体外部采用吸波材料进行包裹，其中载体除底部面外均采用带有尖劈的吸波材料，而底部面采用平板吸波材料。

这两种喷管模型的出口型面均为矩形，为了得到模型完整的电磁散射特性需要对模型在偏航和俯仰平面的电磁散射特性进行单独测量，因此需要设计制作两种不同出口形式的低散射背景壳体。这种做法会造成试验时间和试验经费的增加。本书在不修改壳体前半部分的前提下，采用拼接处理方式，只对背景壳体后半部进行修改和替换，降低了壳体制作的时间和费用。如图 6-3 所示为 SCFN 测试模型低散射背景壳体对应不同测试平面的形状示意图。其中壳体 A 用于测量模型在偏航平面的 RCS，壳体 B 用于测量模型在俯仰平面的 RCS。由图可知，壳体 A 与壳体 B 前部外形一致，壳体 B 后段区域为附加段，相应的壳体 B 下部各个支撑面也需要根据喷管外形进行相应的修改。

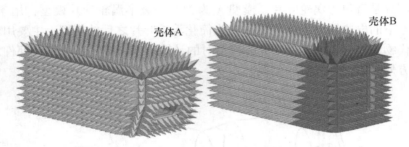

图 6-3　SCFN 测试模型低散射背景壳体对应不同测试平面的形状示意图

制作低散射背景壳体的吸波材料外形包括两种，一种带有尖劈（6 排 6 列），主要用于壳体前向、后向及壳体侧面，另外一种则是平板，主要用于壳体底面。两种不同类型的吸波材料的电参数如表 6-3 所示。吸波材料的具体尺寸如图 6-4 所示。

表 6-3　吸波材料电参数

规格型号 （南大波平）	垂直入射最大反射率				
	4GHz	8GHz	12GHz	18GHz	36GHz
BPUFA300	≤−40dB	≤−50dB	≤−50dB	≤−50dB	≤−50dB

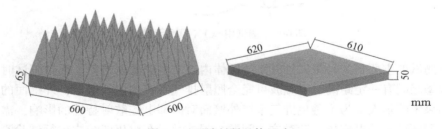

图 6-4　吸波材料具体尺寸

6.4.2　测试方案

针对本书所测试的 SCFN，电磁散射测试角度设置如第 3 章中图 3-4 所示。测试平面分别为俯仰平面、偏航平面；测试角范围为 −90°~90°，测试角度间隔为 0.2°；采用步进频率测试方法，测试频率为 2~18GHz，在该频率范围内包含目前地对空雷达以及机载探测雷达所使用的典型常规波段，选择每个波段下的典型频率进行测试。

6.4.3　试验数据处理

通过步进频率测试系统可以获得在不同频率下的 RCS 角向分布曲线。不同的研究者对于 RCS 角向分布曲线的关注点并不相同，对于目标的精细研究，则需要关注 RCS 曲线中的每一个波瓣的形状，并据此来判断其散射类型。当研究者关注目标的隐身性能时，则更多地会关注曲线的统计特性，如测试数据的统计均值、中值、标准差等。

对测试曲线进行平滑处理是最为常见的数据处理方式之一。平滑处理是指选取一定的窗口，对窗口内的数据进行算数平均。通过平滑操作，增加了曲线的可读性。但是，平滑处理之后曲线会造成信息的丢失和数据的失真。因此在对曲线进行平滑处理时要权衡数据处理的方式。

常用的统计数据包括：算术平均值、标准偏差、概率密度函数和累积分布函数等。

标准偏差代表了统计区域内数据的起伏特性，其定义如下

$$\text{STD} = \left[\frac{\sum_{i=1}^{M} (\sigma_i - \overline{\sigma})^2}{M-1} \right]^{\frac{1}{2}} \tag{6-14}$$

式中：$\overline{\sigma}$ ——RCS 测试平均值；

　　σ_i ——各个取值点的 RCS 值；

　　M ——值段等分个数。

概率密度函数和累积分布函数可以更好地研究在统计区域内的数据的统计特性。某一个大小的 RCS 值的概率的计算公式如下

$$P(\sigma_0 \leqslant \sigma \leqslant \sigma_0 + d\sigma) = \int_{\sigma_0}^{\sigma_0 + d\sigma} \text{PDF}(\sigma) \, d\sigma \tag{6-15}$$

$$\text{CDF}(\sigma) = \int_{-\infty}^{\sigma} \text{PDF}(\sigma) \, d\sigma \tag{6-16}$$

式中：PDF——概率密度函数；

　　CDF——累积分布函数。

对于离散的 RCS 测量数据，概率密度函数 PDF（$m\Delta$）按照下式计算

$$\text{PDF}(m\Delta) = \frac{I_M}{\Delta \times J_M} \tag{6-17}$$

累积分布函数 CDF（$m\Delta$）的计算公式如下

$$\text{CDF}(m\Delta) = \frac{J_m}{J_M} \tag{6-18}$$

$$\Delta = \frac{(\sigma_{\max} - \sigma_{\min})}{M} \tag{6-19}$$

$$J_m = \sum_{j=1}^{m} I_j \tag{6-20}$$

$$J_M = \sum_{j=1}^{M} I_j \tag{6-21}$$

式中：$\sigma_{\max}$ ——计算扇区内的 RCS 最大值；

　　$\sigma_{\min}$ ——计算扇区内的 RCS 最小值；

　　Δ——等分值段的长度；

　　I_m ——第 m 个值段中 RCS 数据出现的次数；

　　J_m ——从第一个值段到第 m 个值段（包括第 m 个值段）中 RCS 数据累计出现的次数；

　　J_M ——计算扇区内离散 RCS 数据的总和。

本书在对试验测试所得 RCS 离散数据进行处理时，主要以模型在不同扇区内的 RCS 均值和标准差为分析对象。

6.5 测试结果与分析

6.5.1 球面收敛二元喷管电磁散射特性测试

对 SCFN 的电磁散射特性在微波暗室中进行了扫频测试，测试频率为 2GHz、5GHz、10GHz 及 15GHz。

图 6-5 和图 6-6 为两种极化方式下俯仰探测面内 SCFN 在不同测试频率下的 RCS 角向分布曲线。由图可知，在 0°测试角附近，10GHz 下 SCFN 的测试 RCS 幅值大于其他三个测试频率下的 RCS 幅值，5GHz 下 SCFN 的测试 RCS 幅值最小。SCFN 在不同频率下的 RCS 角向分布规律差异较大，测试 RCS 幅值差异也较大，这主要是因为在不同的测试频率下，SCFN 自身的主要几何特征尺寸与入射电磁波波长之间的比例是不一样的。在 0°~45°测试角范围内，SCFN 在不同频率下的测试 RCS 随着测试角的增加而波动减小。在 45°~90°测试角范围内，SCFN 的测试 RCS 会出现一个峰值区域，这主要是因为在大角度下，SCFN 的扩张段壁面会和入射电磁波形成镜面反射，进而增加了测试 RCS 幅值。

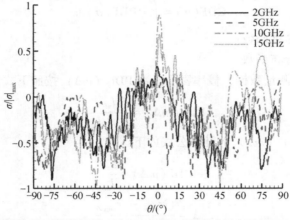

图 6-5　水平极化方式下俯仰探测面内 SCFN 在不同测试频率下的 RCS 角向分布曲线

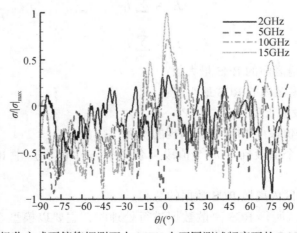

图 6-6　垂直极化方式下俯仰探测面内 SCFN 在不同测试频率下的 RCS 角向分布曲线

图 6-7 和图 6-8 为两种极化方式下偏航探测面内 SCFN 在不同测试频率下的 RCS 角向分布曲线。由图可知，SCFN 在不同频率下的测试 RCS 角向分布规律接近，其 RCS 角向分布可以分为三个区域，分别对应-90°～-45°、-45°～45° 及 45°～90°测试角范围。在-45°～45°测试角范围内，SCFN 的测试 RCS 随着测试频率的增加而逐渐增大；在其他两个区域，SCFN 在 2GHz 下的测试 RCS 幅值最大。

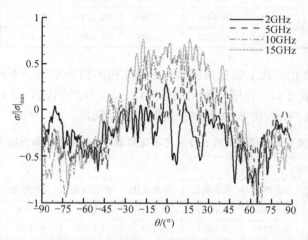

图 6-7　水平极化方式下偏航探测面内 SCFN 在不同测试频率下的 RCS 角向分布曲线

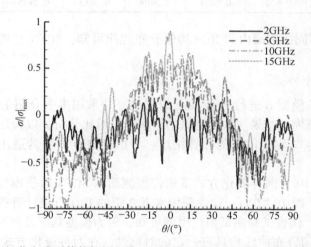

图 6-8　垂直极化方式下偏航探测面内 SCFN 在不同测试频率下的 RCS 角向分布曲线

表 6-4 为两种极化方式下俯仰探测面内 SCFN 在不同测试频段、不同测试角范围内的无量纲 RCS 均值。由表可知，随着用于计算均值的测试角范围的增加，SCFN 在不同频率下的 RCS 均值会随之减小，这主要是因为 SCFN 在大角度下的测试 RCS 幅值较小。在水平极化方式下，SCFN 在 10GHz 下的各个测试角范围内的测试 RCS 均值都最大，在 5GHz 下测试 RCS 均值则都最小；在垂直极化方式下，SCFN 在 15GHz 下的各个测试角范围内的测试 RCS 均值都最大。在两种极化方式下，SCFN 在 10GHz 及 15GHz 下测试 RCS 曲线的标准差均较大，说明在较小的入射波波长下对 SCFN 的几何变化更加敏感。

表 6-4　两种极化方式下俯仰探测面内 SCFN 在不同测试频段、不同测试角范围内的无量纲 RCS 均值

测试频率	±30°		±60°		±90°		STD	
	水平极化	垂直极化	水平极化	垂直极化	水平极化	垂直极化	水平极化	垂直极化
2GHz	0.3453	0.3335	0.2117	0.3015	0.1811	0.2551	0.5969	0.6025
5GHz	0.2204	0.1477	0.1652	0.1355	0.1725	0.1684	0.4818	0.5603
10GHz	0.6106	0.6406	0.4008	0.3960	0.3244	0.3241	2.7929	1.8081
15GHz	0.5275	1.0000	0.3027	0.5856	0.3067	0.4982	1.5582	3.6683

表 6-5 为两种极化方式下偏航探测面内 SCFN 在不同频率下、不同测试角范围内的无量纲 RCS 均值。由表可知，在同一测试角范围内，SCFN 的测试 RCS 均值随着测试频率的增加而逐渐增大，且 SCFN 的 STD 也存在类似的变化规律。

表 6-5　两种极化方式下偏航探测面内 SCFN 在不同频率下、不同测试角范围内的无量纲 RCS 均值

测试频率	±30°		±60°		±90°		STD	
	水平极化	垂直极化	水平极化	垂直极化	水平极化	垂直极化	水平极化	垂直极化
2GHz	0.0471	0.0589	0.0339	0.0449	0.0297	0.0406	0.4853	0.4711
5GHz	0.1525	0.1674	0.0984	0.1035	0.0725	0.0739	1.4635	1.4765
10GHz	0.3827	0.4014	0.2216	0.2212	0.1521	0.1516	3.6672	3.9706
15GHz	1.0000	0.6204	0.5424	0.3404	0.3688	0.2325	8.3251	7.0836

综合 SCFN 在不同探测面内的 RCS 均值分布规律可知，SCFN 在俯仰探测面内对频率的变化更加敏感。

6.5.2　IPO 算法精度验证

对本章中设计的模型 B 进行 X 波段下的测试，并采用本书介绍的 IPO 方法对模型进行数值模拟，将数值模拟结果与试验测试的结果进行对比分析，以验证本书介绍的 IPO 算法对于航空发动机排气系统 RCS 的计算精度。考虑到 IPO 方法的适用范围，计算角度设置为 -30°~30°。

图 6-9 和图 6-10 为两种极化方式下俯仰探测面内 SCFN 数值模拟与试验测试模型的 RCS 角向分布曲线，图中"IPO"代表采用本书介绍的 IPO 算法计算得到的测试模型 RCS 分布，"Experiment"代表试验测试值。由图可知，因为模型具有几何对称性，所以两种方法下得到的 RCS 角向分布曲线均具有一定的对称性。在两种极化方式下，在 -10°~10° 探测角范围内，数值计算的结果与试验测试结果基本吻合，两种方法得到的 RCS 曲线基本吻合。随着测试角的增加，模型的 RCS 随着角度的增大而减小。在水平极化方式下，在 10°~20° 探测角范围内，试验测试的结果大于数值模拟结果；在 20°~30° 探测角范围内，试验测试得到的 RCS 幅值小于数值模拟结果。在垂直极化方式下，在 10°~30° 探测角范围内，试验测试得到的 RCS 幅值在大部分角度下大于数值模拟结果。在两种极化方式下，数值模拟得到的 RCS 曲线的变化规律与试验测试得到的 RCS 曲线的角向分布规律接近。

试验测试与数值模拟得到的 RCS 幅值存在一定的差异，这种差异的主要原因如下：首先，在数值模拟计算中，模型的壁面是完全光滑的，粗糙度为 0，入射电磁波照射到模型表面的主要反射类型是镜面反射；但是在试验测试中，考虑到模型加工精度的影响，入射

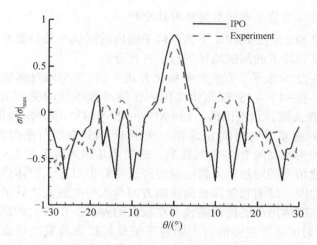

图 6-9 水平极化方式下俯仰探测面内 SCFN 数值模拟与试验测试模型的 RCS 角向分布曲线

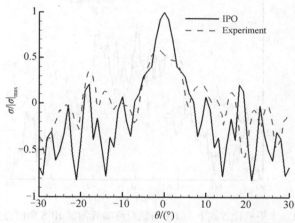

图 6-10 垂直极化方式下俯仰探测面内 SCFN 数值模拟与试验测试模型的 RCS 角向分布曲线

电磁波照射到模型表面时在镜面反射之外还会存在一定数量的漫反射类型，漫反射改变了反射电磁波的方向，进而降低了从喷管出口出射的电磁波的能量。其次，根据步进频率测试方法的原理可知，本书测试得到的 SCFN 的 RCS 值是一个差值，该差值受到本书中所提到的低散射背景壳体自身电磁散射特性的影响。根据已有的电磁理论可知，本书所使用的尖劈状的吸波材料在法向与入射电磁波夹角较小的情况下的 RCS 缩减能力最强，低散射壳体在不同的入射电磁波角度下有不同的 RCS 角向分布，其 RCS 均值满足测试要求，但是会存在部分探测角下出现较大的 RCS 值，对测试得到的 SCFN 值存在一定的影响，而数值模拟计算则不存在该问题。

综上所述，本书发展的 IPO 方法对 SCFN 这类复杂的航空发动机喷管具有较好的模拟效果，能够有效地模拟其后向 RCS 角向分布和幅值，对于航空发动机喷管的隐身设计能够提供一定的指导。

6.5.3 SCFN 与轴对称喷管电磁散射特性对比分析

在本小节中，将 SCFN 在 10GHz 下的俯仰平面内的测试结果与参考文献 [16] 中的轴对称喷管在相同测试频段下的测试结果进行了对比分析。

图 6-11 和图 6-12 为水平、垂直两种极化方式下 SCFN 与轴对称喷管测试 RCS 角向分布曲线。由图可知，在 -45°~45° 探测角范围内，轴对称喷管的测试 RCS 值要大于 SCFN 的测试 RCS 值；而在大测试角范围内，即 -90°~-45° 和 45°~90° 探测角范围内，SCFN 的测试 RCS 值大于轴对称喷管的测试 RCS 值。在 -45°~45° 探测角范围内，SCFN 与轴对称相比，其体现出了较为明显的 RCS 缩减效果，这主要是因为对于 SCFN 来说，在俯仰平面内，随着入射电磁波角度的增加，入射电磁波经过喷管出口进入腔体内部之后，会直接照射到喷管的球面收敛段，球面收敛段壁面法向方向与入射电磁波之间的夹角变化较大，进而导致入射电磁波在腔体内部的传播路径存在较大的差异。在较大的测试角范围内，对于 SCFN 喷管来说，入射电磁波主要的直接照射区域是其扩张段宽边壁面，在该区域的主要散射类型是镜面反射；对于轴对称喷管来说，随着探测角度的增加，喷管出口面元在入射电磁波方向上的投影面积逐渐减小，进而导致进入到腔体内部的电磁波能量减小。

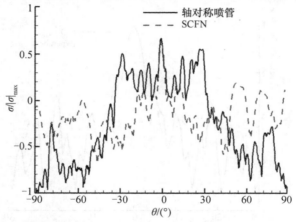

图 6-11　水平极化方式下 SCFN 与轴对称喷管测试 RCS 角向分布曲线

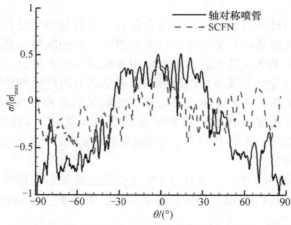

图 6-12　垂直极化方式下 SCFN 与轴对称喷管测试 RCS 角向分布曲线

表 6-6 为在不同极化方式下 SCFN 和轴对称喷管的无量纲 RCS 均值。由表可知，SCFN 的测试 RCS 均值在两种极化方式下均小于轴对称喷管的测试 RCS，且其 STD 也小于轴对称喷管，这说明 SCFN 的 RCS 角向分布更接近其 RCS 均值。SCFN 和轴对称喷管在 ±30° 测试角范围内的 RCS 均值是最大的。

表 6-6　不同极化方式下 SCFN 和轴对称喷管的无量纲 RCS 均值

角度	水平极化		垂直极化	
	SCFN	轴对称喷管	SCFN	轴对称喷管
±30°	0.2977	1.0000	0.3123	0.9256
±60°	0.1954	0.5402	0.1930	0.4962
±90°	0.1582	0.3665	0.1580	0.3367
STD	2.7929	4.7629	1.8081	3.4276

6.6　RCS 二维成像图

对于航空发动机的隐身设计来说，仅仅知道目标的 RCS 值是远远不够的。目标的 RCS 值是目标的散射强度的综合反映。从 RCS 值上无法得到目标的散射类型和散射中心的分布。因此，为了能够有效地掌握目标结构区域的空间散射特征分布，一方面需要提高 RCS 测试技术的精度，另一方面就要借助高分辨率的雷达成像技术。掌握目标区域内的空间散射特性及目标散射点的位置和幅度信息，才能够有针对性地缩减目标的雷达截面积，从而进一步提高目标的隐身性能[17~19]。

雷达成像实质上是从回波信号中提取观测区域内各散射单元的雷达散射系数，并按照它们各自的距离——方位位置显示。用 x 表示方位向的位置，r 表示距离像的位置，区域内各散射单元的雷达后向散射系数用 $\varphi(x, r)$ 表示，回波信号用 $s(t)$ 表示，则雷达成像系统相当于一个冲激响应函数 $h(t)$。整个成像过程可以简单表示为

$$\hat{\varphi}(x, t) = s(t) \otimes h(t) \tag{6-22}$$

成像精度越高，则说明 $\hat{\varphi}(x, t)$ 越接近 $\varphi(x, r)$。综上所述，雷达成像从本质上而言就是对目标或者场景反射系数的真实表示。

图 6-13 为水平极化方式下俯仰探测面不同测试频段下 SCFN 的二维电磁成像图。由图可知，在不同测试频段下，SCFN 的主要散射中心集中分布在靠近 SCFN 进口的区域，该区域的主要发动机部件是涡轮叶片。测试频率对于 SCFN 主要散射中心的分布位置的影响较小。在不同的测试频段下，受 SCFN 内部部件特征尺寸与入射电磁波波长之间比例关系的影响，不同的 SCFN 部件会呈现不同的散射特征。在 2GHz 下，除了在喷管进口涡轮叶片处存在一个散射中心外，在喷管出口处也存在一个散射中心；随着入射电磁频率的增加，SCFN 出口处的散射中心的反射强度逐渐降低。但是，SCFN 进口涡轮叶片区域散射强度变大，这主要是因为随着入射电磁波波长的减小，入射电磁波能够通过叶片之间的间隙进入叶片通道内部，并在叶片内部形成多次反射进而提高了该处的反射强度。

图 6-14 为垂直极化方式下偏航探测面内不同测试频段 SCFN 的二维电磁成像图。如图所示，在偏航探测面内，SCFN 的两个主要的散射中心的分布位置与俯仰探测面内相似。

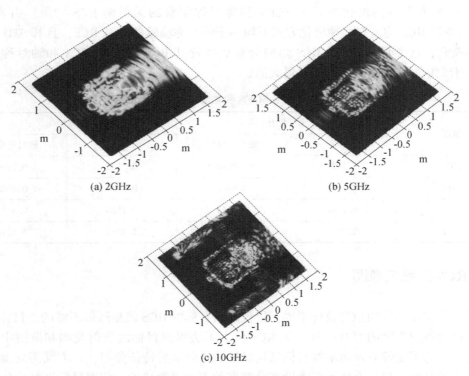

(a) 2GHz

(b) 5GHz

(c) 10GHz

图 6-13　水平极化方式下俯仰探测面不同测试频段下 SCFN 的二维电磁成像图

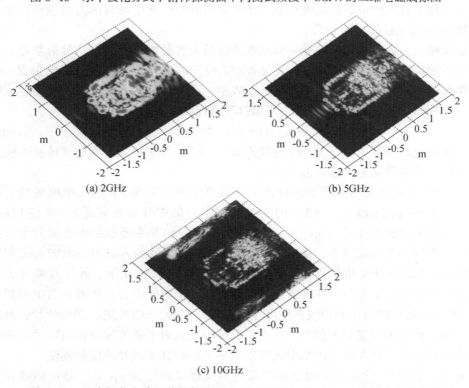

(a) 2GHz

(b) 5GHz

(c) 10GHz

图 6-14　垂直极化方式下偏航探测面内不同测试频段 SCFN 的二维电磁成像图

6.7　小结

本章在微波暗室中采用步进频率测试系统分别对 SCFN 在不同测试频段下的 RCS 角向分布及其电磁散射中心分布进行试验测试，测试结果表明：

（1）SCFN 在不同的测试频率下不同测试平面内的 RCS 角向分布曲线的分布规律相似，但是测试 RCS 受测试频率的影响较大。在俯仰探测面内，在水平极化方式下，SCFN 在 10GHz 下的测试 RCS 均值最大；在垂直极化方式下，SCFN 在 15GHz 下的测试 RCS 均值最大。在偏航探测面内，SCFN 的测试 RCS 均值随着测试频率的增加而逐渐增大。在较高的测试频率下，SCFN 的测试 RCS 曲线波动较为剧烈。

（2）与轴对称喷管相比，在 −30°～30° 测试角范围内，SCFN 相比轴对称喷管具有较低的测试 RCS；随着测试角的增加，SCFN 的测试 RCS 大于轴对称喷管的测试 RCS。在全部测试角范围内，SCFN 的测试 RCS 均值要小于轴对称喷管的测试 RCS 均值。

（3）通过 SCFN 的电磁二维成像图试验测试可以得出，在俯仰、偏航两个探测平面内，其散射中心主要分布在喷管出口以及喷管进口处的涡轮叶片处。

参考文献

[1] 张麟兮. 雷达目标散射特性测试与成像诊断［M］. 北京：中国宇航出版社，2009.

[2] 麻连凤，桑建华，陈颖闻，等. 隐身目标 RCS 外场测试概述［C］. 2013 航空试验测试技术学术交流会，2013.

[3] 陈秦，魏薇，肖冰，等. 国外武器装备 RCS 测试外场研究现状［J］. 表面技术，2012，41（5）：129-132.

[4] 高超，巢增明，袁晓峰，等. 飞行器 RCS 近场测试技术研究进展与工程应用［J］. 航空学报，2016，37（3）：749-760.

[5] 刘密歌，赵军仓，张麟兮，等. 微波暗室中两种 RCS 测量系统的比较［J］. 计算机测量与控制，2007，15（3）：300-301.

[6] 郭静. 微波暗室目标 RCS 测试方法的研究与试验［D］. 南京：南京航空航天大学，2008.

[7] 李军狮，王小臻，高修宾. 基于大型微波暗室小目标 RCS 测量与分析［J］. 火控雷达技术，2015（3）：72-75.

[8] 刘密歌，张麟兮，李南京. 基于矢量网络分析仪的 RCS 测量系统及应用［J］. 电子测量与仪器学报，2007，21（1）：82-85.

[9] 胡楚锋，许家栋，李南京，等. 基于矢量网络分析仪的目标极化散射特性测量与校准［J］. 西北工业大学学报，2010，28（3）：349-352.

[10] Melin J. Measuring radar cross section at short distance［J］. IEEE Transactions on Antennas & Propagation，2003，35（8）：991-996.

[11] Falconer D G. Extrapolation of near-field RCS measurements to the far zone［J］. IEEE Transactions on Antennas & Propagation，1988，36（6）：822-829.

[12] Birtcher C R, Balanis C A, Vokurka V J. RCS measurements, transformations, and comparisons under cylindrical and plane wave illumination［J］. IEEE Transactions on Antennas & Propagation，2002，42（3）：329-334.

[13] Lahaie I J. Overview of an image-based technique for predicting far-field radar cross section from near-field

measurements［J］. Antennas & Propagation Magazine IEEE, 2003, 45（6）: 159-169.

［14］ Omi S, Uno T, Arima T, et al. Efficient RCS measurement technique by near-field far-field transformation which utilize 2-D plane-wave expansion［C］. International Symposium on Antennas and Propagation. IEEE, 2015: 1-2.

［15］ Omi S, Uno T, Arima T, et al. Near-Field Far-Field transformation utilizing 2-D plane-wave expansion for monostatic RCS extrapolation［J］. IEEE Antennas & Wireless Propagation Letters, 2016, 15（99）: 1971-1974.

［16］ 高翔. 飞行器/排气系统红外辐射及电磁散射特性数值研究［D］. 西安: 西北工业大学, 2016.

［17］ 保铮, 邢孟道, 王彤. 雷达成像技术［M］. 北京: 电子工业出版社, 2005.

［18］ 胡楚锋. 雷达目标 RCS 测试系统及微波成像诊断技术研究［D］. 西安: 西北工业大学, 2007.

［19］ 李南京, 徐志浩, 胡楚锋, 等. 基于成像提取的 RCS 精确测量方法研究［J］. 仪器仪表学报, 2017（1）: 74-82.